Easy Cook
食在家常

至爱清鲜

甘智荣 主编

U0222279

江苏凤凰科学技术出版社

图书在版编目（CIP）数据

至爱清鲜 / 甘智荣主编 . -- 南京 : 江苏凤凰科学
技术出版社 , 2018.7
ISBN 978-7-5537-7360-5

Ⅰ . ①至… Ⅱ . ①甘… Ⅲ . ①烹饪 - 基本知识 Ⅳ .
① TS972.1

中国版本图书馆 CIP 数据核字 (2016) 第 263256 号

至爱清鲜

主　　　编	甘智荣	
责 任 编 辑	倪　敏	
责 任 监 制	曹叶平　方　晨	

出 版 发 行	江苏凤凰科学技术出版社	
出版社地址	南京市湖南路 1 号 A 楼，邮编：210009	
出版社网址	http://www.pspress.cn	
印　　　刷	北京旭丰源印刷技术有限公司	

开　　　本	718 mm × 1000 mm　1/16	
印　　　张	13	
字　　　数	177 000	
版　　　次	2018 年 7 月第 1 版	
印　　　次	2021 年 11 月第 2 次印刷	

标 准 书 号	ISBN 978-7-5537-7360-5	
定　　　价	39.80 元	

吃，是人与生俱来的一种本能。它能满足人们饥肠辘辘时的欲望，提供身体维持生命活动所必需的能量和营养，倘若能遇上美味可口的食物，那种随之而来、发自内心的愉悦与快感更是让人如沐春风。

于是，一大群人寻遍大街小巷，聚拢在餐桌前翘首以盼，几个围着白围裙、戴着高帽的师傅在那扇半掩的门里忙忙碌碌，哗哗哗的流水声、骤停骤起的刀工切剁声、轰隆隆的灶火声、清脆持久的滚油声、叮叮当当的翻炒声……当厨房里各种各样的声音终于归于寂静，围坐在桌前的人们按捺不住心中对美食的期待，或抬眼眺望，或窃窃私语，或跃跃欲试。门被推开了，一盘盘精美的食物从门对面的那个世界鱼贯而出，热气腾腾，各种堪称惊艳的鲜、松、脆、嫩与奇妙香味儿被迫不及待地滑入口中，食物滑过齿间时的咂咂声、行酒畅谈声、杯碟交击声，煞是热闹……当人们起身离座时，席间所有的低眉浅笑、豪气干云，最后都汇成一声低沉而又清晰的饱嗝。

对于吃的理解，与人们的身份、地位、学识无关，平凡百姓有属于自己的"饕餮盛宴"，而名家大师有时也格外偏爱小鲜。

清鲜，从字面上可以理解为清新、鲜美。人们喜爱清鲜，一瓜一菜，一汤一饭，看似简单却精致非常。清鲜食物给了人们一次更亲近自然的机会，这种发自肺腑的喜爱更像是一种恬静生活的态度、一种对纯美世界的向往。那些清新、鲜美的食材可以是不同季节出产的时令蔬菜，可以是坊间名头响亮的野味山珍，可以是小桥溪水中的小鱼小虾，也可以是江河湖海里捕获的美味生鲜。它们向人们展示着最具诱惑力的清鲜世界，只要略施以简单的烹调，就可以将它们的纯美呈现得淋漓尽致，让最挑剔的食客放下尊荣，吃到忘情。

这本书中我们将为你揭开厨房里美食的秘密，从厨具、选料、调味、计量、刀工、用火、烹饪技巧，到每一道菜品的备料、烹饪步骤演示、实用提示、养生常识等，告诉你如何将身边最平凡的食材烹调出至美、至鲜的味道，让你不仅可以从专业的角度去点评它们，更能亲自动手烹制它们，与你的家人或朋友一同分享烹饪的乐趣与成就感。

阅读导航

菜式名称

每一道菜式都有名字，我们将菜式名称放置在这里，以便你阅读时能一眼就找到它。

辅助信息

这里标记着这道菜的烹饪时间、口味、营养功效及适用人群。

美食故事

没有故事的菜是不完整的，我们将这道菜的所选食材、产地、调味、历史、地理、饮食文化等留在这里，用最真实的文字和体验告诉你这道菜的魅力所在。

材料与调料

在这里你能查找到烹制这道菜所需的所有配料名称、用量以及它们最初的样子。

菜品实图

这里将如实地为你呈现一道菜烹制完成后的最终样子，菜的样式是否悦目，是否能勾起你的食欲，你的眼睛不会说谎。此外，你也可以通过对照图片来检验自己动手烹制的菜品是否完美。

糖醋胡萝卜丝

🕐 3分钟　　❎ 增强免疫力
🍴 甜　　　　◎ 一般人群

精选的食材、纯熟的刀工以及恰如其分的烹饪调味，都是支撑起一道美食的关键因素。只要循序渐进地勤加练习，下刀稳准，找到感觉和节奏，就能快速切出长短、粗细一致的胡萝卜丝来。这道菜有一点点酸，亦有一点点甜，酸甜脆爽，让人胃口大开。

材料		调料	
胡萝卜	250克	盐	16克
青椒丝	少许	味精	1克
蒜末	少许	蚝油	5毫升
		白糖	2克
		陈醋	3毫升
		食用油	适量

58 至爱清鲜

你将看到烹制整道菜的全程实图及具体操作每一步的文字要点，它将引导你将最初的食材烹制成美味的食物，完整无遗漏，文字讲解更实用、更简练。

食材处理

❶ 将去皮洗净的胡萝卜切成薄片，再改切成丝。

❷ 锅中注入适量清水，烧开，加入15克盐。

❸ 倒入胡萝卜丝，拌匀，焯煮约1分钟至熟。

❹ 捞出焯好的胡萝卜丝。

❺ 将焯过水的胡萝卜丝放入清水中，浸泡片刻。

❻ 捞出胡萝卜丝，备用。

做法演示

❶ 炒锅注油烧热，倒入蒜末、青椒丝炒香。

❷ 倒入胡萝卜丝。

❸ 拌炒约1分钟。

❹ 加盐、味精、蚝油、陈醋、白糖炒匀调味。

❺ 快速拌炒均匀，使胡萝卜入味。

❻ 起锅，将炒好的胡萝卜丝盛入盘中即成。

制作指导

○ 胡萝卜应用油炒或和肉类炖煮后食用，以利吸收。

○ 应选购体形圆直、表皮光滑、色泽橙红、无须根的胡萝卜。

养生常识

★ 胡萝卜不要过量食用，因大量摄入胡萝卜素会令皮肤的色素产生变化。

食物相宜

开胃消食

胡萝卜

+

香菜

排毒瘦身

胡萝卜

+

绿豆芽

食物相宜

结合实图，为你列举这道菜中的某些食材与其他哪些食材搭配效果更好，以及它们搭配所具有的营养功效。

制作指导 & 养生常识

在烹制菜肴的过程中，一些烹饪上的技术要点能帮助你一次就上手，一气呵成零失败，细数烹饪实战小窍门，绝不留私。了解必要的饮食养生常识，也能让你的饮食生活更合理、更健康。

Contents |目录

第1章
素食当道

第 2 章
家常至爱

第 3 章
纯真味道

第4章
无鲜不食

附录

吃无止境

吃，是一种诉求，一种传统，一种文化。从堪堪果腹的本能到对世间美味的不懈追求，人们将吃的境界升华到一种绝无仅有的高度，一种无限接近于"道"的高度。

中国人对饮食有着近似疯狂的依赖与痴迷，在吃这方面的造诣可谓独步天下。如何吃，咀嚼更适口；如何吃，营养更充分；如何吃，滋味更丰富；甚至如何吃，更能吸引人们的眼球、勾起人们的食欲……都成为人们茶余饭后不断思考的问题。有的人吃得更实在，有的人吃得更痛快，有的人吃得更聪明，有的人吃得更讲究排场，有的人吃得更讲究情调……对于吃的目的、标准与要求不同，现实生活中人们吃的形式也会呈现出完全不同的迥异境界。具体如下：

❶ 口腹之欲

这类吃多是为了解饿，以日常必要饮食为主。

❷ 饕餮大吃

找一家价格不贵、量大实惠的馆子，放开了尽情吃喝，虽有不雅之嫌，但宾主欢畅，也有豪气一说。

❸ 友人小聚

为吃而聚或为聚而吃，一群人热热闹闹、把酒言欢，吃喝的花销跨度较大，以人群的平均消费能力为准，点出的菜品也颇费心思。

❹ 宴请招待

极具仪式感的吃喝形式，更讲究礼节、排场，推杯换盏之间人们以交流为主，吃喝反而位列其次，不菲的花销常有奢侈、浪费之嫌。

❺ 健康养生

人们吃喝的观念更健康、更理性，讲究食材搭配、营养均衡、食疗补养，菜式以各种补养汤品为多。

❻ 品味文化

吃得更精致、更挑剔，多以名家老店、招牌菜为主，除了滋味、口感以外，人们更注重饮食的情调与人文情怀的延伸，触及与饮食相关的方方面面。

❼ 寻访猎奇

寻访一家极具特色的老店或者一道久闻未遇的菜品，多环境优雅，菜式新奇，圆满的结局是乘兴而来、尽兴而返，满足人猎奇的心理。

进入近代，科技的进步、经济的发展拉近了世界各个角落不同肤色人们之间的距离，中西方经济、文化的交流变得更加频繁，西方饮食文化的融入给我国的传统饮食带来了新的竞争与机遇。中国人在将传统的饮食文化予以保留的同时，采取中菜西做或西菜中做的方法，中西合璧，丰富了中国菜的种类、样式、技法、口味与内涵，使饮食营养、烹饪技术更加科学与全面。

辽阔的地域、丰富的物产与复杂的风俗孕育了中国多姿多彩的饮食文化，博大的胸怀与聪明的才智更让中国人所特有的饮食文化海纳百川，博采众家之所长为我所用。

中国"八大菜系"

中国菜取材广泛，各大地方风味菜系群英荟萃，菜式、风味千变万化，仅烹饪方法就有炒、煎、干烧、炸、熏、泡、炖、焖、烩、贴、爆等38种之多，讲究色、香、味、形、质、声、器、意合而为一。中餐菜式在主料选择、辅料搭配、刀工技巧、烹饪方式、调味手段等方面也都有着独具匠心的理解与呈现。或大开大阖、重色重味，或技艺精纯、巧夺天工，或一菜一格、百菜百味，在食物的滋味呈现、做工精巧、营养调配等方面，各地方特色菜系都给出了不同的答案。

不同的地理位置、自然条件、物产资源、文化传统、风土民俗等造就了中式菜肴不同的特色与风格取向，在众多地域饮食与烹饪流派中，最具规模与影响力的当属人们所熟知的"八大菜系"。

1. 浙菜

发源地：杭州、宁波、绍兴等地

烹饪特点：精工细作、清鲜脆嫩，极富江南水乡的风韵。

2. 苏菜

发源地：南京、苏州、扬州以及周边地区

烹饪特点：菜色别致、嫩滑鲜香，以烹饪江河湖鲜为傲。

3. 川菜

发源地： 成都、自贡、重庆等地

烹饪特点： 兼具北方菜系的醇浓与南方菜系的清鲜。

4. 湘菜

发源地： 湘江流域、洞庭湖区以及湘西走廊等地

烹饪特点： 菜色精致、种类繁多，口味倾向于酸辣、咸鲜。

5. 粤菜

发源地： 广州、潮州、东江以及海南等地

烹饪特点： 口味清淡、肥美鲜香，有"五滋六味"一说。

6. 闽菜

发源地： 福州、泉州以及厦门等地

烹饪特点： 刀工精妙，尤擅汤食，有"一汤十变"的美誉。

7. 鲁菜

发源地： 济南、福山以及孔府等地

烹饪特点： 菜色精致、滋味浓厚，擅做各类海鲜和汤食。

8. 徽菜

发源地： 皖南、沿江以及沿淮区域

烹饪特点： 以烧、炖、熏、蒸见长，擅做野味及河鲜。

厨房利器

当你拥有了一间正规的厨房，那么恭喜你，因为你已经拥有了一个独立、可以随时施展你烹饪天赋的空间。水源、火源、电源以及一些必要的厨具将让你的烹饪经历变得更加得心应手。但同时你也要注意保持整洁，让它们随时都能处于安全、可用的最佳状态，以免当你忽然兴致勃勃或食欲大开时，因为厨具不给力而使你变得沮丧，或平添一些不必要的麻烦。

锅具

传统铁锅按品种可分为印锅、耳锅、平锅、油锅、煎饼锅等。也有生铁锅、熟铁锅之分，前者是以灰口铁熔化、模型浇铸而成，后者是以黑铁皮锻压、手工打造而成。用铁锅烹饪也是一种比较直接的补铁方式。

❶ 生铁锅可耐高温，但锅体较重，不便使用。

❷ 熟铁锅导热更快，锅体轻而薄，但容易变形。

❸ 不锈钢锅是在钢的材质中添加了部分合金元素，使其具有很好的化学稳定性，具有足够的强度，甚至在高温或低温条件下仍能抵抗侵蚀。但相比传统铁锅，它的导热性能较慢，热分布效果不佳。

❹ 不粘锅是在金属锅的内壁附加了一层摩擦系数极小的涂层，如特氟龙涂层或陶瓷涂层。这类锅在煎、炒食物时不会粘底，节省用油，清洗起来也格外容易。

❺ 汤锅是家中必备的煲汤器具之一。有

不锈钢和陶瓷等不同材质，可用于电磁炉。若要使用汤锅长时间煲汤，一定要盖上锅盖慢慢炖煮，这样可以避免过度散热。

煲制地道的老火靓汤时，多选用质地细腻的砂锅、瓦罐，其保温能力强，但不耐温差变化，主要用于小火慢熬。新买的瓦罐第一次应先用来煮粥，或锅底抹油放置一天后，再洗净煮一次水。经过这道开锅手续的瓦罐使用寿命更长。

❻ 蒸笼是制作中式点心及蒸菜的重要工具。蒸笼的大小随家庭的需要而定，有竹编的、木制的、铝制的及不锈钢制的等，又可分为圆、方两种形态，还可分大、中、小多种型号，其中以竹编和铝制的最常见。

加热媒介

加热媒介是人们在进行烹饪时，提供热源或其他加热方式的重要工具，包括各种炉灶、燃气灶具、微波炉、电磁炉、烤箱等。

❶ 传统灶具是一种借助明火来加热食物的烹饪灶具，为大众所熟悉且通用，对火力的控制更直观、更讲究经验，但须注意用火安全。

❸ 微波炉是一种借助微波来加热食物的现代烹饪灶具，它相比燃气灶具更经济、省时、便捷，也有利于保持厨房清洁，但须认真阅读使用说明书，严格遵守，确保安全。

❷ 电磁炉是利用电磁感应加热原理制成的电气烹饪灶具。在加热过程中没有明火，因此比较安全、卫生。电磁炉本身很好清理，没有烟熏火燎的现象。同时，电磁炉不会像煤气那样，易产生泄漏问题，也不产生明火，不会成为事故的诱因。此外，它本身设有多重安全防护措施，包括炉体倾斜断电、超时断电、过流、过压、欠压保护、使用不当自动停机等功能，即使有时汤汁外溢，也不存在类似煤气灶熄火跑气的危险，使用起来省心。在蒸煮糕点的时候，只要我们设定好时间，就可以放心地蒸煮了，完全不用担心出现蒸煮时间不足或过长状况出现，相当省时、好用。

❹ 烤箱大致上可以分为电烤箱和燃气烤箱。电烤箱因上下都有发热的电热元件，所以食物熟得比较快。相反，燃气烤箱只有下面有火，底部容易烧焦，因此需用两个盘子重叠盛放之后，再进行烘焙。

在家里使用像微波炉一样大小的电烤箱是较方便的。在使用烤箱烘焙之前，请先按照适宜的温度进行大约 10 分钟的预热。另外，在烘焙的过程中不要频繁地开关烤箱门，这样食物才能熟得快且均匀。

烤箱可以烘烤各式蛋糕，建议购买上下火可分开调温的烤箱。注意：使用完毕后需要清洁烤箱外观。

砧板

❶ 木质砧板

木质砧板密度高，韧性强，牢固可靠，以白果木、皂角木、桦木或柳木材质为佳，须保持清洁卫生。

❷ 竹质砧板

竹质砧板的重量比木质砧板更轻，密度稍差，多为拼接而成，不宜重击，但易于清洗，比较健康环保。

❸ 塑料砧板

塑料砧板的重量最轻，便于携带，也容易变形，较适合切蔬果类，不宜切较热的熟食，以免遇高温加速有害物质的析出。

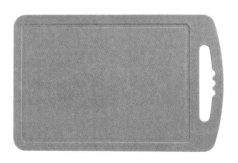

砧板使用后须及时清洗，放在通风处晾干。切蔬果和肉类的砧板最好分开来使用，除可以防止食物细菌交叉感染外，还可以防止蔬菜、水果沾染上肉类的味道，影响蔬果汁的口味。

刀具

一把锋利的好刀应刃口平直、具有一定的硬度，它可以让你在切割食物时更顺畅、更易于操控。刀具的维护保养极为重要，除了基本的清洁以外，也要注意避免磕碰坚硬物而伤及刀刃。打磨刀刃时，表里两面的磨刀次数应相等，刀刃的前、中、后部须打磨均匀。

❶ 中式刀具

中式刀具近似长方形，短粗而宽厚，且刀身较重。可完成切、剁、拍、砍的动作，也能托着切好的食物送入锅中。

❷ 西式刀具

西式刀具刀身狭长，刀刃处近弧形，以刀尖为支点，上下移动来切断食物，锋利的刀尖也能从事各种精细切割。

❸ 小刀

小刀多用于削水果、蔬菜等食材。家里的水果刀最好是专用的，不要用来切肉类或其他食物，也不要用菜刀或其他刀来削水果和蔬菜，以免细菌交叉感染，危害健康。

◆ 如何防止切到手

1. 固定砧板，避免在切东西时砧板发生滑动。
2. 固定要切的东西，没有固定面的可以先切出固定面，放平稳后再开始切。
3. 保持刀具锋利，以免过度用力导致丧失对刀具的控制力。
4. 适当降低切割速度，以防出错。

其他工具

❶ 不锈钢铲子

是炒菜时的必备工具,优质的不锈钢铲子会在铲头部分做加厚、圆弧处理,以便更契合锅底,在手柄部分使用耐热材质来防止烫伤。

❷ 硅胶铲子

适用于不粘锅,采用烹饪食品级专用的耐高温硅胶材质,无毒无味,易于清洗。

❸ 漏勺

漏勺可用于食材的汆水处理,多为铝制。煲汤时,可用漏勺取出汆水的肉类食材,方便快捷。

❹ 滤网

滤网是制作高汤时必须用到的器具之一。制作高汤时,常有一些油沫和残渣,滤网便可以将这些细小的杂质滤出,让汤品美味又美观。可在煲汤完成后,用滤网滤去表面油沫和汤底残渣。

❺ 汤勺

汤勺可用来舀取汤品,有不锈钢、塑料、陶瓷、木质等多种材质。煲汤时可选用不锈钢材质的汤勺,耐用,易保存。塑料汤勺虽然轻巧隔热,但长期用于舀取过热的汤品,可能产生有毒化学物质,不宜。

❻ 量具

各种带有刻度的容器,可用来量取水、油等,通常有多重尺寸可供选择。注意:读数时要看准刻度,不能作为反应容器,保持整洁干净。

食材与调味

食材与调味是厨房烹饪不可规避的话题，生活中可选的食材、调味料众多，它们在一道菜中所扮演的角色各不相同，不论是刚刚踏入厨房的菜鸟，还是厨艺精湛的大厨，熟悉它们，并能在适宜时机正确地使用它们，绝对可以称得上是一门学问。

食材

✪ 蔬菜

蔬菜是可以供人食用的植物类和菌类食物统称，是人们每天不可或缺的食物来源之一，它可以为人体提供大量膳食纤维、维生素和矿物质。蔬菜的品种众多，应尽量选择新鲜的时令蔬菜，其中种植要求严格规范的有机蔬菜品质最好。

✪ 水产品

水产品是淡水渔业和海洋渔业所产的动植物及其加工品的统称，以鱼、虾、蟹、贝为主，是人体获取优质蛋白质的重要来源。购买水产品时以鲜活者为佳，因其容易腐败变质，所以应趁鲜尽早食用，或者及时冷藏保鲜。

✪ 猪肉

新鲜猪肉表面微干或湿润，不黏手，嗅之气味正常。购买冷冻猪肉时，应选择肉色红润均匀，脂肪洁白有光泽，肉质紧密，手摸有坚实感，外表及切面稍微湿润，不黏手、无异味者。目前市场上有不少冷冻猪肉，用来入馔味道并不比新鲜猪肉差，而且价格相对低廉。

✪ 牛肉

新鲜牛肉肌肉呈均匀的红色且有光泽，脂肪为洁白或淡黄色，外表微干或有风干膜，用手触摸不黏手，富有弹性，闻起来有鲜肉味。变质牛肉肌肉暗淡无光泽，脂肪呈淡黄绿色，外表黏手或极度干燥，新切面发黏，用手指压后凹陷不能复原，留下明显的指压痕，闻起来有异味或臭味。

✪ 羊肉

新鲜的羊肉呈暗红色，脂肪为白色。绵羊肉质细嫩，肥美可口，膻味较小；山羊肉较粗糙，膻味较重，但脂肪和胆固醇含量较低。

✪ 兔肉

新鲜兔肉肌肉呈暗红色并略带灰色，脂肪为洁白或黄色，肉质柔软且有光泽。除了看色泽以外，还可以看以下几个方面：结构紧密坚实，肌肉纤维韧性强；外表风干，有风干膜，或外表湿润而不黏手；闻之有兔肉的正常气味。

✪ 鸽肉

购买冷冻鸽肉时，要注意挑选肌肉有光泽，脂肪洁白的为佳；肌肉颜色稍暗，脂肪缺乏光泽的是劣质鸽肉。

✪ 鸡肉

光鸡是经宰杀、去毛后出售的鸡。新鲜的光鸡眼球饱满，肉色白里透红，皮肤有光泽，外表微干或略湿润，不黏手，用手指按压有弹性，闻之气味正常。

✪ 鸭肉

老鸭毛色比较暗，而且粗乱，老鸭一般用于炖汤；嫩鸭的毛色较有光泽，而且顺滑，嫩鸭可采用多种方法烹饪，蒸、煮、煎、烧皆宜。我们还可以用手捏鸭嘴，感觉柔软的就是嫩鸭，而老鸭的嘴较为坚硬。冰鲜鸭肉以肌肉和脂肪均有光泽的为佳。

✪ 豆制品

豆制品不仅美味，而且营养价值很高，可与动物性食物媲美。豆制品的营养主要体现在其丰富的蛋白质含量上。豆制品所含人体必需氨基酸与动物蛋白相似，同样也含有钙、磷、铁等人体需要的矿物质，还含有维生素 B_1、维生素 B_2 和膳食纤维。豆制品的营养比大豆更易于消化吸收。因为大豆加工制成豆制品的过程中，由于酶的作用，促使豆中更多的磷、钙、铁等矿物质被释放出来，能提高人体对大豆中矿物质的吸收率。发酵豆制品在加工过程中，由于微生物起到一定的作用，还可合成维生素，对人体健康十分有益。

调味料

调味料也称佐料，是指被少量加入其他食物中用来改善食物味道的食品，最常见的是油、盐、酱、醋等。

✪ 大豆油

大豆油是以大豆种子压榨而成的油脂，是世界上产量最多的食用油。精炼过的大豆油为淡黄色，长期储存后，其颜色会由浅变深，影响品质，故不宜长期储存。

✪ 色拉油

色拉油是将毛油经过精炼加工后制成的食用油，色泽淡黄、澄清、透明，用于烹调时油烟较少，也作为冷餐的凉拌油使用。市场上较为常见的有大豆色拉油、菜籽色拉油、葵花子色拉油等。

✪ 橄榄油

橄榄油颜色黄中透绿，闻着有股诱人的清香味，入锅后有一种蔬果香味贯穿炒菜的全过程。它不会破坏蔬菜的颜色，也没有任何油腻感，并且油烟很少。橄榄油是做冷酱料和热酱料最好的油脂成分，它可保护新鲜酱料的色泽。

✪ 料酒

料酒是以糯米为主要原料酿制而成，具有柔和的酒味和特殊的香气。烧制鱼、羊肉等荤菜时放一些料酒，可以借料酒的蒸发除去腥气。料酒在火锅汤卤中的主要作用是增香、提色、去腥、除异味。

✪ 红油

红油是中式酱料中常用到的食材，香辣可口，它的好坏会影响酱料的色、香、味。好的红油不仅给酱料增色不少，而且还好闻好吃；不好的红油会让酱料的颜色变得晦暗或无光泽，而且会有苦味或无味。

✪ 香油

香油是小磨香油和机制香油的统称，即具有浓郁或显著香味的芝麻油，可用于烹饪或酱料里，菜肴起锅前淋上香油，可增香味；腌渍食物时，亦可加入以增添香味。

✪ 花椒油

调味油类，用于需要突出麻味和香味的食品中，能增强食品的风味，多用于川菜、凉拌菜、面食、米线、火锅中。

✪ 蚝油

蚝油不是严格意义上的油脂，而是在加工蚝豉时，煮蚝豉剩下的汤，此汤经过滤浓缩后即为蚝油。它是一种营养丰富、味道鲜美、蚝香浓郁、黏稠适度的调味佐料。

✿ 盐

盐是烹饪中最常用的调味料，有着"百味之王"的说法，其主要化学成分是氯化钠，味咸，在烹饪中能起到定味、调味、提鲜、解腻、去腥的作用。用豆油、菜籽油炒菜时，应炒过菜后再放盐；用花生油炒菜时，应先放盐，这样可以减少黄曲霉素；用荤油炒菜时，可先放一半盐，菜炒好后再加入另一半盐；做肉类菜肴时，炒至八成熟时放盐最好。

✪ 味精

味精是从大豆、小麦、海带及其他含蛋白质的物质中提取而成，味道鲜美，在烹饪中主要起到提鲜、助香、增味的作用。当受热到120℃以上时，味精会变成焦化谷氨酸钠，不仅没有鲜味，还有毒性。因此，味精最好在炒好起锅时加入。

✿ 酱油

酱油是用豆、麦、麸皮酿造的液体调味品。色泽红褐色，有独特酱香，滋味鲜美，有助于促进食欲，是中国的传统调味品。酱油根据烹饪方法不同，使用方法也不同，通常是在给食物调味或上色时使用。在中式酱料中，加入一定量的酱油，可增加酱料的香味，并使其色泽更加好看。在锅里高温久煮会破坏酱油的营养成分并失去鲜味，因此，烧菜应在即将出锅之前再放酱油。

✿ 鸡精

鸡精是近几年使用较广的强力助鲜品，用鸡肉、鸡蛋及麸酸钠精制而成。鸡精的鲜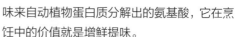味来自动植物蛋白质分解出的氨基酸，它在烹饪中的价值就是增鲜提味。

✿ 醋

醋是一种发酵的酸味液态调味品，以含淀粉类的粮食为主料，谷糠、稻皮等为辅料，经过发酵酿造而成。醋在中式烹调中为主要的调味品之一，以酸味为主，且有芳香味，用途较广。它能去腥解腻，增加鲜味和香味，减少维生素 C 在食物加热过程中的流失，还可使烹饪原料中的钙质溶解而利于人体吸收。醋有很多品种，除了众所周知的香醋、陈醋外，还有糙米醋、糯米醋、米醋、水果醋、酒精醋等。优质醋酸而微甜，带有香味。

✿ 糖

糖也是烹饪中使用非常频繁的调味料，它会赋予食品甜味、香气、色泽，并能够让食物在很长时间里保持潮润状态与柔嫩的质感，担当着"食品胶黏剂"的角色。市面上的糖类调味品有白砂糖、绵白糖、红糖、冰糖等。在制作糖醋鲤鱼等菜肴时，应先放糖后加盐，否则盐的"脱水"作用会促进蛋白质凝固而使食材难以将糖味吃透，影响其味道。冰糖为砂糖的结晶再制品，味甘性平，有益气、润燥、清热的作用。

✿ 辣椒

辣椒可使菜肴增加辣味，并使菜肴色彩鲜艳。烹饪中常用的辣椒包括灯笼椒、干辣椒、剁辣椒等。灯笼椒肉质比较厚，味较甜，常剁碎或打成泥，有提味、增香、爽口、去腥的作用。干辣椒一般可不打碎，有增香、增色的作用。剁辣椒可直接加于酱料中食用，颜色鲜艳，味道可口，还有去腥与杀菌的作用。

干辣椒

干辣椒是用新鲜辣椒晾晒而成的，外表呈鲜红色或棕红色，有光泽，内有籽。干辣椒气味特殊，辛辣如灼。干辣椒可

切节使用，也可磨粉使用，可去腻、去膻味。川菜调味使用干辣椒的原则是辣而不死，辣而不燥。以油爆炒时需注意火候，不宜炒焦。火锅汤卤锅底中加入干辣椒，能去腥解腻、压抑异味、增加香辣味和色泽。

辣椒粉

辣椒粉是将红辣椒干燥、粉碎后做成的，根据其粒的大小分成粗辣椒粉、中辣椒粉、细辣椒粉，而根据其辣味程度则

分成辣味、微辣味、中味、醇和味。

辣椒粉的使用方法：

❶ 直接入菜，如宫保鸡丁，用辣椒粉可起到增色的作用。

❷ 制成红油辣椒，做成红油、麻辣等口味的调味品，广泛用于冷热菜式，如红油笋片、红油皮扎丝、麻辣鸡、麻辣豆腐等菜肴的调味。

✿ 豆腐乳

豆腐乳是经二次加工的豆制发酵调味品，分为青方、红方、白方三大类，可以用来烹饪调味或者独立作为佐餐小菜，滋味咸鲜，可以让菜品的口味变得更加丰富而有层次。

一般来说，食物经过发酵后更便于人体吸收营养成分，经发酵的豆类或豆制品，B族维生素明显增加。

✿ 泡椒

泡椒，俗称"鱼辣子"，是一种鲜辣开胃的调味料。它是用新鲜的红辣椒泡制而成，由于泡椒在泡制过程中产生了乳酸，所以用于烹制菜肴，就会使菜肴具有独特的香气和味道。泡椒具有色泽红亮、辣而不燥、辣中微酸的特点，常用于各种辣味菜品调味，尤其在川菜调味中最为多见。

食用香料

食用香料是为了提高食品的风味而添加的香味物质，以天然植物为原料加工而成。常用的天然香料有八角、花椒、姜、葱、大蒜、胡椒、丁香、香叶、桂皮等。

✿ 葱

葱常用于爆香、去腥，并以其独有的香味提升食物的味道。也可在菜肴做完之后撒在菜上，增加香味。

✿ 姜

姜性热味辛，含有挥发油、姜辣素，具有特殊的辛辣香味。生姜可以去除鱼的腥味，去除猪肉、鸡肉的膻味，并可提高菜肴风味。姜用于红汤、清汤汤卤中，能有效地去腥压臊、提香调味。通常要剁成末或切片、切丝使用，也可以榨汁使用。

✿ 大蒜

大蒜味辛，有刺激性气味，含有挥发油及二硫化合物。大蒜主要用于调味增香、压腥味及去异味。常切片或切碎之后爆香，可搭配菜色，也能增加菜的香味。

✿ 麻椒

麻椒是花椒的一种，花椒的颜色偏棕红色，而麻椒的颜色稍浅，偏棕黄色，但麻椒的味道要比花椒重很多，特别麻。烹饪川菜时，它是一味非常关键的调味料。

✿ 花椒

花椒亦称川椒，味辛性温，麻味浓烈。花椒果皮含辛辣挥发油等，辣味主要来自山椒素。花椒在咸鲜味菜肴中运用比较多，一是用于原料的先期码味、腌渍，起去腥、去异味的作用；二是在烹调中加入花椒，起避腥、除异味、和味的作用。花椒粒炒香后磨成的粉末即为花椒粉，若加入炒黄的盐则成为花椒盐，常用于油炸食物蘸食之用。

✿ 胡椒

胡椒辛辣中带有芳香，有特殊的辛辣刺激味和强烈的香气，有除腥解膻、解油腻、助消化、增添香味、防腐和抗氧化作用，能增进食欲，可解鱼虾蟹肉的毒素。胡椒分黑胡椒和白胡椒两种。黑胡椒粉因其色黑且辣味强劲，多用于肉类烹调；白胡椒粉则因其色白又香醇；多用于鱼类料理；整枝胡椒则在煮梨汁、高汤、其他汤时使用。

✿ 陈皮

陈皮亦称橘皮，是用成熟了的橘子皮阴干或晒干制成。陈皮呈鲜橙红色、黄棕色或棕褐色，质脆，易折断，以皮薄而大、色红、香气浓郁者为佳。在川菜中，陈皮味型就是以陈皮为主要的调味品调制的，是川菜常用的味型之一。陈皮在冷菜中运用广泛，如陈皮兔丁、陈皮牛肉、陈皮鸡等。

✿ 八角

八角又称八角茴香，香气浓郁，味辛、甜，可以去除腥膻异味、提味增香、促进食欲，常在

煮、炖、酱、卤、焖、烧及炸等烹饪中使用，是中餐烹饪中出镜率极高的调味品，但因其香气极浓，须酌量使用。

✿ 桂皮

桂皮带有特殊的香味，可以使菜肴更香，做成粉调味可以去除肉类的膻味，若放入肉桂茶、

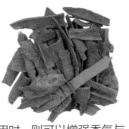

米糕、韩式糕点里使用时，则可以增强香气与改善色泽。

✿ 丁香

丁香是丁香科植物的干燥花蕾，味辛辣，香气馥郁，多用于肉食、糕点、

腌渍食品、炒货、蜜饯、饮料的调味，可矫味增香，是制作五香粉的主要原料之一。

✿ 豆蔻

豆蔻有肉豆蔻、白豆蔻、草豆蔻、红豆蔻等品种，辛香温燥，是较为常见的辛香料，可以

为食物增香，同时促进食欲。肉豆蔻可解腻增香，是制作肉食、酱卤肉的必备香料之一。白豆蔻可去除异味，增辛香，多用于制作肉类食物。草豆蔻可去除腥膻异味，提味增香，多用于制作肉食和卤菜。红豆蔻可除腻增香，多是作为白豆蔻的替代品使用。

✿ 香叶

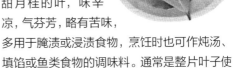

香叶是常绿树甜月桂的叶，味辛凉，气芬芳，略有苦味，多用于腌渍或浸渍食物，烹饪时也可作炖汤、填馅或鱼类食物的调味料。通常是整片叶子使用，烹调入味后再从菜肴中剔除。

✿ 甘草

甘草味甜，气芳香，是我国民间传统的天然甜味剂，可作为砂糖的替代品调味

使用，多在煲汤时使用。在市场上选购甘草时，以条长匀整、皮细色红、质坚油润者为佳。

✿ 白芷

白芷气芳香，味辛，微苦，是香料家族当中的重要成员，能去除

异味、调味增香，在各种烹饪方式中被广为使用，如煲汤、炖肉、烤肉、腌渍泡菜等。烹饪时白芷可单独使用，也可整用、碎用，是制作十三香的重要原料之一。

✿ 迷迭香

迷迭香的叶带有茶香，味辛辣、微苦，其少量干叶或新鲜叶

片常用于食物调味，特别用于羔羊、鸭、鸡、香肠、海味、填馅、炖菜、汤、土豆、西红柿、萝卜、其他蔬菜及饮料的调味，因味甚浓，应在食前取出。迷迭香具有消除胃胀、增强记忆力、提神醒脑、减轻头痛、改善脱发的作用，在酱料中常用它来提升酱的香味。

✿ 山柰

山柰，又叫沙姜，为草本植物的干燥根茎或鲜根茎，皮薄肉厚，质脆嫩，味辛辣，气香特异，烹饪时多被用于配制卤汁，也是制作五香粉的主要原料之一。

✿ 砂仁

砂仁性温味辛，有着浓烈的辛辣和芳香气味，是中式菜肴的重要调味品，也是制作咖喱菜的作料。多在炖汤、火锅、卤味食物制作中使用。

✿ 五香粉

由于陈皮、砂姜、八角、茴香、丁香、小茴香、桂皮、草果、老蔻、砂仁等原料一样，都有各自独特的芳香气，所以它们都是调制五香味型的调味品，多用于烹制动物性原料和豆制品原料的菜肴，如五香牛肉、五香鳝段、五香豆腐干等，四季皆宜，佐酒、下饭均可。

酱料

作为烹饪的辅助材料，酱料的作用不容忽视，它既有着调味、增香、增色的作用，又有着嫩滑食材的作用，酱料运用得当往往是烹饪的关键。

❂ 大酱

大酱也叫黄酱，是以黄豆、面粉为主要原料酿造而成的调味品，滋味咸鲜。人们通常以新鲜的蔬菜蘸着大酱佐饭，是北方人们餐桌上常见的调味品之一。

❂ 甜面酱

甜面酱也叫甜酱，是以面粉为主要原料制曲、发酵而成，滋味咸甜可口，酱香浓郁，多在烹饪酱爆和酱烧菜时使用，同时也可蘸生鲜蔬菜或烤鸭时使用。

❂ 辣椒酱

辣椒酱是红辣椒磨成的酱，又称辣酱，可增添辣味，并增加菜肴色泽。辣椒酱有油制和水制两种。油制是用芝麻油和辣椒制成，颜色鲜红，上面浮着一层芝麻油，容易保管；水制是用水和辣椒制成，颜色鲜红，不易保管。辣椒酱用于做汤、炒菜、生拌菜、烤、凉拌等，也可以做炒辣椒酱直接食用或用来做菜。

❂ 番茄酱

番茄酱是以鲜西红柿制成的酱状浓缩制品，具有西红柿风味的特征，能帮助菜肴增色、添酸、提鲜，常在烹饪鱼、肉类菜肴时，制作糖醋汁、茄汁，会让食材的肉质变得格外细嫩。

❂ 豆瓣酱

豆瓣酱是由蚕豆、盐、辣椒等原料酿制而成的酱，味道咸、香、辣，颜色红亮，不仅能增加口感香味，还能给菜增添颜色。豆瓣酱油爆之后，其色泽及味道会更好。以豆瓣酱调味的菜肴，无须加入太多酱油，以免成品过咸。调制海鲜类或肉类等带有腥味的酱料时，加入豆瓣酱有压抑腥味的作用，还能突出口味。

❂ 芝麻酱

芝麻酱是人们非常喜爱的香味调味品之一，是用上等芝麻经过筛选、水洗、焙炒、风净、磨酱等工序制成的。其富含蛋白质、氨基酸及多种维生素和矿物质，有很高的保健价值。芝麻酱本身较干，通常是调稀后使用。芝麻酱是火锅涮肉时的重要涮料之一，能起到很好的提味作用，做酱时我们也经常会用到芝麻酱，用来调和酱料的味道，通常会用到拌酱中。

❂ 果酱

果酱是长时间保存水果的一种方法，是一种以水果、糖及酸度调节剂以超过100℃熬制成的凝胶物质，主要用来涂抹于面包或吐司上食用。果酱滋味酸甜可口，营养丰富，大多数水果都可以制作，通常只使用一种果实，但含糖量偏高，不宜多食。

其他调料

其他调料是指我们在日常生活中常用到但非必备的调料。它们可以有助于主菜的调味、增色，却并非烹饪中必不可少的调料。

✿ 淀粉

淀粉也称芡粉，是由甘薯、玉米中提取出来的淀粉物质。淀粉在烹饪中的重要价值就在于挂糊、上浆和勾芡，使用前先将其溶于水中，可使汤汁变得浓稠，进而改变菜肴的色泽和口味。

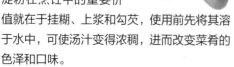

✿ 发粉

发粉俗称泡打粉，是一种由苏打粉配合其他酸性材料，并以玉米粉为填充剂制成的复合疏松剂。主要用于制作面食，加入面糊中，可增加成品的膨胀程度，口感更加松软。

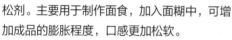

✿ 小苏打粉

小苏打粉也被称为食用碱，色白，易溶于水，在制作面食如馒头、油条时，将小苏打粉溶于水并拌入面粉中，能让制成品口感更加蓬松。以适量小苏打粉腌渍肉类，也可使肉质变得滑嫩。

✿ 酵母

酵母多被用于制作面食，有新鲜酵母、普通活性干酵母和快发干酵母三种。在烘焙过程中，酵母会产生二氧化碳，具有膨大面团的作用。酵母发酵时可产生酒精、酸、酯等物质，也会形成特殊的香味。

✿ 醪糟

醪糟是用糯米酿制而成，米粒柔软不烂，酒汁香醇。醪糟甘甜可口、稠而不混、酽而不黏。醪糟可以生食，也可以作发酵介质或普通特色菜品的调味料，如醪糟鱼等；调制火锅汤卤底料加入醪糟，可增加醇香和回甜味。

✿ 炼奶

炼奶又称为炼乳，是以新鲜牛奶为原料，经过均质、杀菌、浓缩等工序制成的乳制品，具有丰富的营养价值，是西式酱料中常见的添加物，可以起到提味、增香的作用。

✿ 蛋黄酱

美味可口的蛋黄酱可以使普通的水果和蔬菜顿然生色，变幻出各种诱人的味道。蛋黄酱是西方人最爱用的沙拉酱料之一。

✿ 鱼露

鱼露俗称鱼酱油，是将小鱼虾腌渍、发酵、熬炼以后获得的一种味道极为鲜美的琥珀色汁液，风味独特，常作为烹饪调味、提鲜之用，是广东、福建等地常见的水产调味品。

✪ 芥末

芥末是由芥菜的成熟种子碾磨成的一种粉状调料，又称芥子末、山葵、辣根、西洋山芋菜。它含有名为

"myrosinase"的调味成分，将其放入40℃的温水里搅拌后发酵的话，会散发出明显的香气与辣味，辛辣芳香，对口舌有强烈刺激，味道十分独特。芥末在凉菜、荤素原料中皆可使用，可用作泡菜、腌渍生肉或拌沙拉时的调味品；可与生抽一起使用，充当生鱼片的美味调料；放入盐、白糖、醋后做成芥末酱，可以用于做芥末丝或凉茶。

✪ 豆豉

豆豉是以大豆、盐、香料为主要原料，经选择、浸渍、蒸煮，用少量面粉拌和，并加

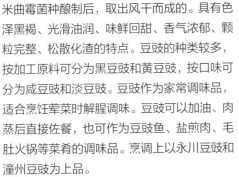

米曲霉菌种酿制后，取出风干而成的。具有色泽黑褐、光滑油润、味鲜回甜、香气浓郁、颗粒完整、松散化渣的特点。豆豉的种类较多，按加工原料可分为黑豆豉和黄豆豉，按口味可分为咸豆豉和淡豆豉。豆豉作为家常调味品，适合烹饪荤菜时解腥调味。豆豉可以加油、肉蒸后直接佐餐，也可作为豆豉鱼、盐煎肉、毛肚火锅等菜肴的调味品。烹调上以永川豆豉和潼州豆豉为上品。

✪ 咖喱

咖喱的主要成分是姜黄粉、川花椒、八角、胡椒、桂皮、丁香和芫荽籽等含有辣味的香料，其能促进唾液和胃液的分泌，增加胃肠蠕动，增进食欲；还能促进血液循环，达到发汗的目的。咖喱的种类很多，以国家来分，印度、斯里兰卡、泰国、新加坡、马来西亚等地所产的咖喱各有所不同；以颜色来分，有红、青、黄、白之别；根据配料细节上的不同来区分，则各种类口味的咖喱有十多种。这些迥异不同的香料汇集在一起，就能够构成咖喱的各种令人意想不到的浓郁香味。

✪ 味噌

味噌是由发酵过的大豆制成，主要为糊状，是一种调味料，也被用作汤底，其以营养丰富、味道独特而风靡日本。味噌的种类繁

多，大致上可分为米曲制成的"米味噌"、麦曲制成的"麦味噌"、豆曲制成的"豆味噌"等。味噌的用途相当广泛，可依个人喜好将不同种类的味噌混拌，添加入各式料理中。除了人们最熟悉的味噌汤外，腌渍小菜、凉拌菜的淋酱、火锅汤底、各式烧烤及炖煮料理等都可以用到味噌。

不失毫厘

大多数时候，专业的厨师烹饪菜肴都有标准的配料表参照，同时再借助丰富的烹饪经验来进行味道上的调整，最终让一盘色味俱全的好菜出锅。由于吃饭人数、口味的不同，烹饪所需的食材可多可少，滋味可浓可淡，把握食材、调味料的使用量对于一道菜来说就变得至关重要。下面这些小工具将帮助你在选料、用料时，做到恰到好处、不失毫厘。

计量工具

✪ 电子秤

电子秤是测定重量的器具，一般以克或千克为单位。使用电子秤的时候，要选择平坦的地方水平放置，把指针调整到"0"的位置。

✪ 量杯

量杯主要用于盛需要计量的液体材料，是为了测定体积而使用的工具。

✪ 量匙

量匙是用来测定调味料的体积的，分为大匙和小匙两种。小匙为 5 毫升、大匙为 15 毫升，在盛少量的材料时使用。

✪ 温度计

温度计是为了测定调理温度而使用的工具。一般厨房使用的温度计是非接触型的、可以测量表面温度的红外线温度计。测量油或糖浆等液体的温度时，要使用200～300℃的棒状液体温度计，而肉类则要使用能测量肉类内部温度的肉类用温度计。

✪ 烹饪用钟表

在测量烹饪时间时，要使用计时表（stopwatch）或定时钟（timer）。

计量方法

✪ 粉状食品的计量方法

粉状食品是没有形状的，因此在装、放时不要挤压，要冒尖装、放，再均匀地去除顶部，将表面削平后再测量。

✪ 液体食品的计量方法

油、酱油、水、醋等液体食品，要使用透明的容器测量。一般放入表面有张力的量杯或计量匙中，测量时为确保准确性，要在量杯的刻度与液体的弯月面下线一致时，再读取数据。

✪ 固体食品的计量方法

大酱或肉馅儿等固体食品，要满满的、不留空隙地塞入量杯或计量匙中，使表面平整后再测量。

✪ 颗粒状食品的计量方法

米、豆、胡椒等颗粒状的食品，要装入量杯或计量匙中，轻轻摇动使表面平整后，再进行测量。

✪ 有浓度的调味料的计量方法

辣椒酱等有浓度的调味料，要使劲儿压实放入容器里，均匀地推平后再测量。

营养与健康

膳食营养金字塔

　　2008年，中国营养学会发布了"中国居民平衡膳食宝塔"图例，并以此来具体规范和指导人们科学饮食、健康饮食，为日常饮食的营养均衡计划找到依据，具体内容如下：

食物分类	介绍
粮谷类	包括稻米、小麦、玉米、小米、大麦、高粱、薏米等，为人体提供能量、蛋白质和多种矿物质等。
薯类	包括马铃薯、甘薯、木薯等，可为人体提供大量淀粉。
蔬菜	包括根菜类、茄果类、瓜菜类、嫩茎叶花菜类、水生蔬菜类、薯芋类、野生蔬菜类，可为人体提供膳食纤维及多种维生素、矿物质。
菌藻类	包括食用菌及海生藻类植物，可为人体提供蛋白质和 B 族维生素。
水果类	包括仁果类、核果类、浆果类、柑橘类、瓜果类，可为人体提供必需的糖、多种维生素。
坚果、种子类	包括树坚果和各类种子，可为人体提供淀粉和油脂。
奶类、奶制品	包括各类液态乳、奶粉、酸奶、奶酪、奶油等，可为人体提供优质蛋白、脂肪和钙。
豆类、豆制品	包括大豆、绿豆、赤豆、芸豆、蚕豆、豌豆及其制品等，可为人体提供蛋白质、维生素及碳水化合物。
动物性食物	包括各类畜肉、禽肉、鱼虾蟹贝、蛋类及其制品，可为人体提供蛋白质、脂肪、维生素和无机盐。
其他	包括烹饪用油、糖果、盐及其他调味品。
饮用水	帮助人体补充日常所需的绝大多数水分。

第 **1** 章

素食当道

素食是一种健康的饮食理念。当人们厌倦了大鱼大肉的奢靡生活，偶尔也会有改变一下的冲动。今天的素食已逐渐成为一种时尚，素食能为人体提供充足的营养，也能让人们吃起来更健康。很多素菜的烹制方法简单、方便，稍用心思就能做出极鲜的味道。

香菇扒菜心

🕐 4分钟　　✂ 瘦身排毒
🧂 清淡　　😊 女性

　　每个人都有自己深深爱着的菜，就像谈一场旷日持久的恋爱，在一起时会觉得满足、舒畅，不在一起时又常念想。清爽的菜心裹着浓郁的汤汁，带着一点点恰如其分的脆，加上鲜嫩爽滑、菇香浓郁的香菇，会让你的味蕾瞬间变得蠢蠢欲动起来。

材料		调料	
菜心	300克	盐	2克
鲜香菇	50克	水淀粉	10毫升
		味精	3克
		白糖	3克
		料酒	3毫升
		鸡精	2克
		蚝油	3毫升
		老抽	3毫升
		香油	适量
		食用油	适量

❶ 先将洗好的菜心修齐整。

❷ 将洗净的香菇切成小块。

❸ 锅中加清水烧开，加少许食用油、盐，放入菜心，焯至断生。

❹ 捞出焯好的菜心。

❺ 倒入香菇拌匀，焯煮片刻去除杂质。

❻ 捞出焯好的香菇，沥干水分备用。

做法演示

❶ 以炒锅热油，放入菜心。

❷ 加入盐、味精、白糖、料酒炒匀。

❸ 加入少许水淀粉。

❹ 快速拌炒匀。

❺ 将炒好的菜心夹入盘内。

❻ 另起锅，注入适量食用油烧热，倒入香菇炒匀。

❼ 加料酒炒香，加蚝油以及适量清水炒匀。

❽ 加盐、鸡精、老抽炒匀调味。

❾ 倒入少许水淀粉拌炒均匀。

❿ 加入少许香油。

⓫ 快速拌炒均匀。

⓬ 将香菇盛在菜心上即可。

补气养血

香菇

牛肉

减脂降压

香菇

木瓜

口蘑鲜蚕豆

⏰ 2分钟　　✂ 养心润肺
🌡 清淡　　☺ 儿童

　　口蘑是一种主产自内蒙古草原的白色野生蘑菇，口感嫩滑，味道鲜美。当口蘑遇上鲜蚕豆——一种西汉张骞由西域引入的翠绿色豆子，真可谓鲜上加鲜，咀嚼起来口齿间沾满香甜的汁液，犹如品味江南迟来的春意，细腻而清新。

材料		调料	
蚕豆	100克	盐	3克
胡萝卜	150克	味精	1克
口蘑	40克	水淀粉	10毫升
姜片	少许	料酒	3毫升
蒜末	少许	食用油	适量
葱白	少许		

❶ 将洗净的口蘑切成小块。

❷ 将洗净的胡萝卜去皮。

❸ 胡萝卜先切成1厘米厚的片,切条,再切成丁。

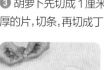

❹ 锅中加水烧开,加盐、蚕豆、食用油,煮约2分钟。

❺ 将煮好的蚕豆捞出来。

❻ 放入清水中,剥去外壳,取蚕豆仁备用。

❼ 倒入胡萝卜,煮沸。

❽ 加入口蘑,拌匀。

❾ 煮片刻至熟,然后捞出。

做法演示

❶ 用油起锅,倒入姜片、蒜末、葱白爆香。

❷ 倒入胡萝卜、口蘑、蚕豆炒匀。

❸ 淋入料酒,加盐、味精炒匀。

❹ 加水淀粉勾芡。

❺ 翻炒匀至入味。

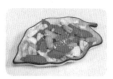

❻ 盛出装盘即可。

食物相宜

利尿、清肺

蚕豆

＋

大白菜

清肝祛火

蚕豆

＋

枸杞子

养生常识

★ 蚕豆含有导致过敏的物质,过敏体质的人吃了会产生不同程度的过敏、急性溶血等中毒症状。

★ 蚕豆不可生吃,应将生蚕豆多次浸泡后再进行烹制。

★ 蚕豆特别适合老年人、脑力工作者及高胆固醇者食用。

豌豆炒香菇

🕐 2 分钟 ⚔ 开胃消食
⚖ 清淡 ☺ 一般人群

这是一道寻常百姓家常菜，人们熟悉它赏心悦目的菜色，更熟悉它清爽脆嫩的口感。这道菜的做法极尽简单，水煮加热的方式让它更好地保留了多种食材的色泽、营养和滋味，看似毫无一丝烟火气息。但当你将满满一勺不同食材的颗粒塞入口中时，便会恍然大悟，细碎的食物不仅易于消化，也更容易让人胃口大开。

材料

豌豆	80克
鲜香菇	50克
胡萝卜	35克
姜片	少许
蒜末	少许
葱白	少许

调料

盐	2克
水淀粉	10毫升
味精	3克
料酒	3毫升
食用油	适量

❶ 将洗净的香菇去蒂，先切成1厘米厚的片，再切成丁。

❷ 将去皮洗净的胡萝卜切条，切丁。

❸ 锅中加水烧开，加食用油，倒入胡萝卜。

❹ 再倒入准备好的豌豆，拌匀，煮沸。

❺ 加入香菇拌匀，煮约1分钟至熟。

❻ 将锅中煮好的材料捞出备用。

做法演示

❶ 用油起锅，倒入姜片、蒜末、葱白爆香。

❷ 倒入煮好的豌豆、香菇和胡萝卜丁，淋入料酒。

❸ 加盐、味精，炒匀调味。

❹ 加水淀粉勾芡。

❺ 翻炒均匀至熟透。

❻ 盛出装盘即可。

制作指导

✿ 长得特别大的香菇不要吃，因为它们多是用激素催肥的，大量食用可能对身体造成不良影响。

促进消化

香菇

＋

猪肉

提高免疫力

香菇

＋

油菜

有助营养吸收

香菇

＋

豆腐

菌菇油麦菜

🕐 2分钟　　✂ 降低血脂

🧂 清淡　　☺ 高脂血症患者

　　油麦菜是生食蔬菜中的上品，有"凤尾"之称，快速烹炒既去除了生味，又最大限度地保留了油麦菜中的水分，当牙齿咬断嫩茎时，脆嫩清爽，口齿清香。再搭配鲜嫩的菌菇，突出了鲜味，软滑的口感更与主料相得益彰，点睛之笔的红椒丝更让你欲罢不能。

材料		调料	
油麦菜	250克	盐	3克
平菇	100克	水淀粉	10毫升
蒜末	少许	鸡精	2克
红椒丝	少许	料酒	3毫升
		食用油	适量

❶ 将洗净的平菇撕成瓣，装入盘中备用。

❷ 将洗净的油麦菜对半切开。

做法演示

❶ 锅中注入适量食用油，烧热后倒入平菇略炒。

❷ 倒入蒜末、红椒丝炒匀。

❸ 放入油麦菜梗，翻炒片刻。

❹ 放入油麦菜叶翻炒至熟。

❺ 加入盐、鸡精、料酒。

❻ 炒匀调味。

❼ 加入少许水淀粉勾芡、炒匀。

❽ 继续翻炒片刻至熟透。

❾ 起锅，盛入盘中摆好即成。

制作指导

✿ 油麦菜对乙烯极为敏感，储藏时应远离苹果、梨、香蕉，以免诱发赤褐斑点。

✿ 烹制油麦菜时，海鲜酱油、生抽不能放得太多，否则成菜会失去清淡的口感。

食物相宜

有利于营养吸收

平菇

豆腐

强健身体

平菇

青豆

防癌抗癌

平菇

口蘑

清炒荷兰豆

⏱ 2分钟　　✖ 增强免疫力

🧂 清淡　　😊 一般人群

　　荷兰豆原产自泰国与缅甸的边境地区，荷兰人将它引向世界，并最终来到中国。质脆清香的嫩豆荚是人们的最爱，营养价值颇高。这道菜用热油旺火快速炒出，以确保其脆嫩的口感，翡红翠绿间一片盎然生机。

材料

荷兰豆	250克
红椒片	少许
葱白	少许

调料

盐	2克
味精	1克
料酒	3毫升
水淀粉	适量
食用油	适量

❶ 荷兰豆去筋洗净后，装盘中备用。

❷ 油锅烧热，倒入葱白、红椒片炒香。

❸ 倒入荷兰豆炒约1分钟至熟。

❹ 淋入料酒，炒香。

❺ 加入盐、味精，炒至入味。

❻ 倒入少许清水，翻炒片刻。

❼ 再加入少许水淀粉勾芡。

❽ 盛入盘内。

❾ 装好盘即可。

制作指导

✪ 选购荷兰豆的时候，扁圆形表示成熟度最佳，若荚果呈正圆形就表示已经过老，筋凹陷也表示过老。荷兰豆上市的早期要选择饱满的，后期要选择较嫩的。

✪ 买回的荷兰豆不要洗，直接放冰箱冷藏，最好在一个月内吃完。

✪ 荷兰豆主要吃豆荚，因此买的时候不要选太宽太厚的，那样吃起来没嚼头，要挑大小均匀、颜色发绿的。可将荷兰豆放入保鲜袋内，用夹子夹紧，之后在保鲜袋的底角两边用剪子剪两个小洞，然后再放入冰箱的冷藏室冷藏。

养生常识

★ 糖尿病患者、产后乳汁不下的妇女尤其适合食用荷兰豆。

★ 荷兰豆多食会腹胀，易产气，故不宜食用过多。

★ 尿路结石、皮肤病和慢性胰腺炎患者不宜食用荷兰豆。

★ 消化不良、脾胃虚弱者慎食荷兰豆，肾功能不全者不宜食用。

★ 荷兰豆适合与富含氨基酸的食物一起烹调，可以显著提高其营养价值。

食物相宜

开胃消食

荷兰豆

蘑菇

健脾、通乳、利水

荷兰豆

红糖

彩椒玉米

🕐 3分钟　　✖ 降低血脂
⚖ 清淡　　☺ 一般人群

　　甜味会给人一种美妙、愉悦的感觉，辣味会给人刺激、兴奋的感觉，当这两种味道汇集在一起，很少有人能抗拒它们联手对味蕾发起的攻击。在满眼的红黄翠白间，鲜甜的玉米粒，脆爽的彩椒，夹杂着淡淡的葱姜蒜香，相信你会迫不及待地将它们消灭干净。

材料		调料	
鲜玉米粒	100克	盐	2克
彩椒	50克	水淀粉	10毫升
青椒	20克	味精	1克
姜片	少许	鸡精	1克
蒜末	少许	香油	适量
葱白	少许	食用油	适量

① 将洗净的彩椒切开，去籽，切瓣，改切成丁。

② 将洗净的青椒切开，去籽，切条，改切成丁。

③ 将切好的彩椒和青椒分别装入盘中。

食物相宜

健脾益胃
助消化

玉米

＋

菜花

做法演示

① 锅中加清水烧开，加盐、食用油拌匀。

② 倒入玉米粒，略煮。

③ 倒入切好的彩椒和青椒。

④ 待煮沸后，捞出备用。

⑤ 用油起锅，倒入姜片、蒜末、葱白爆香。

⑥ 倒入焯水后的彩椒、青椒和玉米炒匀。

益寿养颜

玉米

＋

松仁

⑦ 再加入盐、鸡精、味精。

⑧ 炒匀调味。

⑨ 然后倒入水淀粉勾芡。

⑩ 淋入少许香油翻炒均匀。

⑪ 最后将菜盛出装盘即可。

养生常识

★ 玉米发霉后会产生致癌物，所以发霉玉米绝对不能食用。

青豆炒雪菜

🕐 2分钟　　✂ 养心润肺

🧂 清淡　　☺ 一般人群

　　雪菜是芥菜的一种，是我国长江流域普遍栽培的冬春两季蔬菜，冬播春收的雪菜叫春菜，秋播冬收的雪菜又叫冬菜。人们熟悉它，也爱吃它，就像是记忆中一种挥之不去的家乡味道，当身在他乡的游子捧起饭碗，几片脆嫩的茎叶，一颗青豆，饭菜尚未入口，便已泪如雨下。

材料		调料	
雪菜	300克	盐	2克
红椒	10克	白糖	1克
大蒜	5克	食用油	适量
青豆	100克		

❶ 红椒洗净切粒；蒜洗净切末。

❷ 锅中加水烧开，加盐、白糖，放入洗净的雪菜焯熟后捞出。

❸ 雪菜切小段。

做法演示

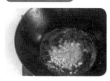

❶ 将洗好的青豆倒入热水中。

❷ 煮约 1 分钟至熟后捞出，装入碟子中备用。

❸ 热锅注油。

❹ 倒入蒜末爆香。

❺ 放入雪菜略炒。

❻ 再倒入青豆，拌炒匀。

❼ 加入适量盐调味。

❽ 放入红椒粒拌炒均匀。

❾ 出锅装盘即成。

制作指导

✿ 选购青豆时，要注意青豆的颜色越绿，其所含的叶绿素越多，品质越好。

✿ 青豆放入冰箱可保存 15 天左右。

养生常识

★ 患有严重肝病、肾病、痛风、消化性溃疡、动脉硬化、低碘者应禁食青豆。

食物相宜

提高营养价值

青豆

虾仁

可治食欲不佳

青豆

蘑菇

健脾、通乳、利水

青豆

红糖

南瓜炒百合

⏱ 3分钟　　✖ 养心润肺
🌡 甜　　　　☺ 老年人

在美食的世界，不是随便将两种美味食材放在一起就是绝配。这就像两个人相处，彼此和谐共存、相互促进才能有所突破。外表朴实的南瓜，丝毫不会掩盖百合的清香之气，而百合的存在也让南瓜的风味更胜香甜。软糯与脆嫩，相辅相成，这种成功搭配的例子不胜枚举。

材料		调料	
南瓜	150克	盐	2克
青椒	15克	白糖	1克
百合	10克	食用油	适量

❶ 把去皮洗净的南瓜切成片。

❷ 将洗净的青椒切成小块。

❸ 锅中注水，烧开，倒入南瓜，大火煮约1分钟。

❹ 加入百合，搅拌均匀，再煮约半分钟至熟透。

❺ 捞出煮好的百合和南瓜，沥干水分。

❻ 将焯熟的南瓜和百合装入盘中备用。

做法演示

❶ 炒锅热油，倒入青椒翻炒片刻。

❷ 倒入南瓜、百合炒匀。

❸ 加入盐、白糖。

❹ 炒约1分钟至入味。

❺ 盛入盘中即可。

制作指导

◎ 在烹煮百合前，须进行泡发、预煮、蜜炙等预加工步骤。

◎ 购买时，要选择新鲜、没有变色的百合。

食物相宜

降低血压

南瓜

＋

莲子

预防糖尿病

南瓜

＋

猪肉

口蘑炒土豆片

⏱ 1.5 分钟　　✕ 开胃消食

⊿ 辣　　　　☺ 一般人群

厨艺不精、回家太晚、没时间买菜……这都不是你享受不到美味晚餐的理由。搜罗出冰箱里仅有的几个土豆、半根胡萝卜、口蘑、青椒，清洗、备料、点火、翻炒片刻，满屋浓郁的香味儿定会让你垂涎三尺，分分钟，上菜！

材料		调料	
口蘑	120克	盐	3克
土豆	150克	水淀粉	10毫升
青椒片	30克	鸡精	2克
胡萝卜片	少许	香油	适量
		食用油	适量

❶ 将洗净的口蘑切成片。

❷ 将去皮洗净的土豆切成片。

做法演示

❶ 热锅注油，烧热，倒入土豆片。

❷ 倒入口蘑，翻炒均匀。

❸ 倒入青椒片、胡萝卜片拌炒匀。

❹ 加入盐、鸡精炒匀调味。

❺ 用水淀粉勾芡。

❻ 淋入少许香油。

❼ 快速拌炒均匀。

❽ 盛出装盘即成。

食物相宜

可缓解胃部疼痛

土豆

+

蜂蜜

营养均衡

土豆

+

牛奶

制作指导

✪ 购买时应选择表皮光滑、个体大小一致、没有发芽的土豆。

✪ 土豆可以放置在阴凉通风处保存 2 周左右。

香菇豆干丝

⏱ 4分钟　　✖ 增强免疫力

🔥 辣　　　　😊 儿童

豆干在中国可谓家喻户晓，是有着悠久历史的民间传统小吃。精选的优质豆干呈乳白或淡黄色，稍显光泽，细嫩而有弹性。白豆干快速过油后，外皮柔韧、内质嫩滑、清中有香，而香菇、红椒在保留豆干风味的同时，让香菇豆干丝更鲜香诱人。

材料		调料	
鲜香菇	30克	盐	3克
白豆干	150克	鸡精	2克
姜片	5克	生抽	2毫升
蒜末	5克	蚝油	5毫升
葱段	5克	水淀粉	适量
红椒丝	5克	料酒	2毫升
		食用油	适量

食材处理

❶ 将洗好的鲜香菇去除蒂，改切成丝。

❷ 将洗净的白豆干切成丝。

❸ 锅中注水烧开，加入盐拌匀。

❹ 倒入香菇，拌均匀。

❺ 煮沸即可捞出。

❻ 锅中注油烧至四成热，倒入白豆干丝。

做法演示

❶ 锅留底油，放入姜片、蒜末、葱段、红椒丝爆香。

❷ 倒入香菇、白豆干，拌炒均匀。

❸ 淋入少许料酒炒香。

❹ 加入生抽、蚝油、盐、鸡精。

❺ 拌炒约 1 分钟至入味。

❻ 加入少许水淀粉勾芡。

❼ 淋入熟油翻炒均匀。

❽ 盛出装盘即可。

食物相宜

促进消化

香菇

＋

猪肉

提高免疫力

香菇

＋

油菜

有助吸收营养

香菇

＋

豆腐

蒜蓉炒小白菜

⏱ 2分钟　　✂ 清热解毒
🔺 清淡　　　☺ 一般人群

　　寒来暑往，春耕秋收，能一年四季都吃得上的时令蔬菜屈指可数，小白菜就位列其一。小白菜性喜寒凉，尤以冬季上市的口味绝佳。不需为额外的配菜费尽心思，只要一点点蒜蓉和常规调味料，脆嫩鲜美、气质清香的鲜菜美食就由你独享。

材料		调料	
小白菜	350克	盐	3克
蒜蓉	15克	鸡精	1克
		味精	1克
		白糖	3克
		食用油	适量

食材处理

❶ 锅中加适量清水，大火烧开，加少许食用油。

❷ 放入洗净的小白菜拌匀。

❸ 焯煮约1分钟后捞出。

做法演示

❶ 锅中放适量食用油，烧热后倒入蒜蓉爆香。

❷ 倒入焯好的小白菜。

❸ 拌炒均匀。

❹ 加入盐、鸡精、味精、白糖。

❺ 快速炒匀后使其入味。

❻ 将炒好的小白菜盛入盘中即可。

食物相宜

增强体质

小白菜

猪肉

养生常识

★ 小白菜含钙量高，是防治维生素D缺乏（佝偻病）的理想蔬菜。小儿缺钙，骨软、发秃，可用小白菜煮汤加盐或糖令其饮服，经常食用颇有益。

制作指导

❂ 新鲜的小白菜呈绿色，鲜艳而有光泽，无黄叶、无腐烂、无虫蛀现象。

❂ 在选购时，如发现小白菜的颜色暗淡，无光泽，有枯黄叶、腐烂叶，并有虫斑，则为劣质小白菜。

❂ 小白菜因质地娇嫩，容易腐烂变质，一般应随买随吃。如保存在冰箱内，能保鲜1～2天。

❂ 用小白菜制作菜肴，炒、熬时间不宜过长，以免营养流失。

金针菇日本豆腐

🕐 3分钟　　❌ 清热解毒

📐 清淡　　😊 儿童和老人

　　虽被冠以"豆腐"之名，日本豆腐却与饮誉世界的中国豆腐有着本质的区别。日本豆腐以鸡蛋、水、植物蛋白和其他调味料制成，并不含有任何豆类成分。本菜品既有豆腐的嫩滑鲜爽，又不失鸡蛋的美味清香，是一道迎合大众口味的菜式。

材料

日本豆腐	200克
金针菇	100克
姜片	5克
蒜末	5克
胡萝卜片	20克
葱白	5克
葱叶	5克

调料

淀粉	适量
盐	3克
料酒	3毫升
鸡精	2克
味精	1克
蚝油	5毫升
水淀粉	适量
白糖	1克
老抽	2毫升
食用油	适量

食材处理

❶ 洗净的金针菇切去根部。

❷ 日本豆腐切棋子段，去掉外包装。

❸ 把切好的日本豆腐装入盘中，撒上淀粉。

❹ 热锅注油，烧至六成热，放入豆腐，用锅铲轻轻地翻动。

❺ 稍炸约1分钟，至表皮金黄后捞出备用。

做法演示

❶ 锅底留油，倒入姜片、蒜末、胡萝卜片、葱白爆香。

❷ 倒入金针菇炒匀。

❸ 加入少许料酒炒香，再加入少许清水煮沸。

❹ 加入蚝油、盐、味精、白糖、鸡精、老抽，炒匀调味。

❺ 倒入日本豆腐。

❻ 拌炒均匀。

❼ 加水淀粉勾芡。

❽ 撒入葱叶炒匀。

❾ 盛出装盘即可。

制作指导

☘ 金针菇能有效地促进人体新陈代谢，有利于食物中各种营养素的吸收和利用，对人体生长发育也大有益处。

食物相宜

降脂降压

金针菇

豆腐

清热解毒

金针菇

豆芽

健脑益智

金针菇

鸡肉

冬笋烩豌豆

⏱ 5分钟　　✖ 开胃消食
🌡 清淡　　　☺ 高血压患者

　　世间鲜美的食材众多，竹笋为圈中翘楚，苏东坡盛赞"好竹连山觉笋香"，寺院素斋中更是将其奉为至美的一味。冬笋肉质细嫩、脆爽鲜美，有"笋中皇后"之称，每年的一二月份更是吃冬笋的上佳时节，金衣白玉，蔬中一绝，失之交臂实乃憾事。

材料

冬笋	100克
鲜香菇	40克
豌豆	50克
西红柿	70克
姜片	5克
蒜末	5克
葱白	5克

调料

盐	2克
味精	1克
鸡精	2克
水淀粉	适量
食用油	适量
熟油	适量

❶ 将洗净去皮的西红柿切瓣。

❷ 改切成细丁。

❸ 将洗净的鲜香菇切成丁。

❹ 将洗净的冬笋切成丁。

❺ 将豌豆、香菇、冬笋倒入锅中。

❻ 捞出沥水后装入碗中。

做法演示

❶ 用油起锅，倒蒜末、姜片、葱白爆香。

❷ 倒入焯水后的豌豆、香菇、冬笋炒香。

❸ 加盐、味精、鸡精和水淀粉翻炒至入味。

❹ 倒入西红柿炒匀。

❺ 淋上熟油后盛出即可。

食物相宜

降压、健胃消食

西红柿

➕

芹菜

降低血压

西红柿

➕

山楂

制作指导

✿ 购回西红柿后，用抹布擦干净，摆放在阴凉通风处（果蒂向上），一般情况下，可保存10天左右。

糖醋胡萝卜丝

⏱ 3分钟　　✖ 增强免疫力
🔥 甜　　　　☺ 一般人群

　　精选的食材、纯熟的刀工以及恰如其分的烹饪调味，都是支撑起一道美食的关键因素。只要循序渐进地勤加练习，下刀稳准，找到感觉和节奏，就能快速切出长短、粗细一致的胡萝卜丝来。这道菜有一点点酸，亦有一点点甜，酸甜脆爽，让人胃口大开。

材料		调料	
胡萝卜	250 克	盐	16 克
青椒丝	少许	味精	1 克
蒜末	少许	蚝油	5 毫升
		白糖	2 克
		陈醋	3 毫升
		食用油	适量

❶ 将去皮洗净的胡萝卜切成薄片，再改切成丝。

❷ 锅中注入适量清水，烧开，加入 15 克盐。

❸ 倒入胡萝卜丝，拌匀，焯煮约 1 分钟至熟。

❹ 捞出焯好的胡萝卜丝。

❺ 将焯过水的胡萝卜丝放入清水中，浸泡片刻。

❻ 捞出胡萝卜丝，备用。

做法演示

❶ 炒锅注油烧热，倒入蒜末、青椒丝炒香。

❷ 倒入胡萝卜丝。

❸ 拌炒约 1 分钟。

❹ 加盐、味精、蚝油、陈醋、白糖炒匀调味。

❺ 快速拌炒均匀，使胡萝卜入味。

❻ 起锅，将炒好的胡萝卜丝盛入盘中即成。

食物相宜

开胃消食

胡萝卜

香菜

排毒瘦身

胡萝卜

绿豆芽

制作指导

⊗ 胡萝卜应用油炒或和肉类炖煮后食用，以利吸收。

⊗ 应选购体形圆直、表皮光滑、色泽橙红、无须根的胡萝卜。

养生常识

★ 胡萝卜不要过量食用，因大量摄入胡萝卜素会令皮肤的色素产生变化。

醋熘藕片

⏱ 4分钟　　✂ 滋阴健脾

🔺 清淡　　😊 一般人群

　　古人对莲的清雅、高洁多有赞誉，"出淤泥而不染"的莲藕更是一味地道的湖鲜。藕的营养价值颇高，是理想的素食之选。醋熘藕片这道菜清清爽爽，醋的酸味极好地烘托出鲜藕清脆的口感，滋味鲜美，酸中带甜。

材料		调料	
莲藕	200克	盐	2克
青椒片	15克	白糖	2克
蒜末	5克	陈醋	5毫升
葱	5克	白醋	3毫升
		水淀粉	适量
		食用油	适量

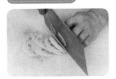

❶ 将去皮洗净的莲藕切成薄片。

❷ 放入白醋水中浸泡备用。

❸ 锅中注入清水烧开，加入少许白醋。

❹ 倒入莲藕拌匀。

❺ 煮约 1 分钟捞出备用。

做法演示

❶ 用油起锅，倒入蒜末、葱、青椒爆香。

❷ 倒入莲藕炒约 1 分钟至熟。

❸ 加入适量盐、白糖、陈醋炒匀入味。

❹ 加入水淀粉勾芡。

❺ 加入少许熟油炒匀。

❻ 盛入盘内即可。

食物相宜

滋阴血，健脾胃

莲藕

+

猪肉

止呕

莲藕

+

生姜

制作指导

✪ 要选择两端的节很细、藕身圆而笔直、用手轻敲声厚实、皮颜色为淡茶色、没有伤痕的藕。

✪ 煮藕时忌用铁器，以免引起食物发黑。

养生常识

★ 莲藕是体质虚弱者的理想营养食材。

★ 肥胖者应少食莲藕。

★ 由于藕性偏凉,故产妇不宜过早食用。一般应产后1~2周后再吃藕。

第2章

家常至爱

　　每一天，人们都在寻找一种诱人的、让人印象深刻的味道。生活需要新意，在千姿百态的菜式间闪转腾挪，品质至上、吃得健康、吃出情调才是王道。遇见一道好菜就像一次美丽的邂逅，它能让人心情愉悦，瞬间激活你的状态。

清炒杏鲍菇

🕐 2分钟   ✖ 增强免疫力

🔺 清淡   ☺ 一般人群

当城市里自然、清新的阳光近似一种奢望，人们还可以从美食中找到些许安慰。它们会带给人一种家的感觉——温暖、舒适、有滋有味，让人能放松下来，细细去品味。它可以看似简单，但务须精致；美味而不失营养。脆嫩爽滑的杏鲍菇搭配红椒丝，朴素也是一种极致的美。

材料		调料	
杏鲍菇	200克	生抽	3毫升
红椒丝	少许	盐	1克
葱白	少许	味精	2克
葱叶	少许	鸡精	2克
		水淀粉	适量
		料酒	2毫升
		食用油	适量

 ❶ 将洗净的杏鲍菇切丝。

 ❷ 锅中加水，放盐、鸡精、食用油煮沸，加杏鲍菇。

 ❸ 煮好后，捞出杏鲍菇，备用。

做法演示

 ❶ 起油锅，倒入葱白爆香。

 ❷ 倒入焯好的杏鲍菇炒熟。

 ❸ 加料酒拌炒匀。

 ❹ 加入生抽、盐、味精、鸡精，炒匀。

 ❺ 倒入水淀粉勾芡。

 ❻ 放入红椒丝和剩下的葱叶。

 ❼ 快速拌炒匀。

 ❽ 起锅，盛入盘中即成。

食物相宜

增强免疫力

杏鲍菇

鸡肉

促进消化

杏鲍菇

猪肉

养生常识

★ 杏鲍菇富含蛋白质、碳水化合物、维生素及钙、镁、铜、锌等矿物质，可以提高人体免疫功能，具有抗癌、降血脂、润肠养胃以及美容等作用。

制作指导

☺ 杏鲍菇肉质肥嫩，适合炒、烧、烩、炖、做汤及火锅，亦适宜西餐；即使做凉拌菜，口感也非常好，加工后则口感脆、韧，呈白至奶黄色，外观好。

清炒菠菜

⏱ 2分钟　　✂ 降低血脂

🧂 清淡　　☺ 一般人群

　　每个人对美食的评判标准各有不同，食味的呈现也并不见得一定要以多取胜。当你厌倦了山珍海味，这道充满田园风的清炒菠菜一定可以打动你，清淡的口味，鲜嫩的口感，不错的食疗效果，让你恍如隔世，原来平凡的菜品也能吃出大味道。

材料　　　　　　　调料

菠菜　　300克　　盐　　　2克
　　　　　　　　　白糖　　1克
　　　　　　　　　味精　　1克
　　　　　　　　　食用油　适量
　　　　　　　　　熟油　　适量

❶ 将洗净的菠菜切去根部。

❷ 在锅中加入适量食用油。

❸ 倒入去根后的菠菜。

❹ 用锅铲慢慢翻炒至熟软。

❺ 加入盐、白糖。

❻ 加入适量味精炒匀调味。

❼ 加少许熟油炒匀。

❽ 用筷子夹入盘内即可。

制作指导

✪ 选购菠菜时，要挑选粗壮、叶大、无烂叶和萎叶、无虫害和农药痕迹的鲜嫩菠菜。

✪ 利用沾湿的报纸来包装菠菜，再用塑胶袋包装之后放入冰箱冷藏，可保鲜两三天。

✪ 煮食菠菜前先投入开水中快焯一下，即可除去草酸，有利于人体吸收其中的钙质。

✪ 将菠菜和鲜藕用麻油拌匀食用，可以清肝明目。

✪ 以菠菜捣烂取汁，每周洗脸数次，连续使用一段时间，可清洁皮肤毛孔，减少皱纹及色素斑，保持皮肤的光洁度。

食物相宜

防治贫血

菠菜

＋

猪肝

美白肌肤

菠菜

＋

花生

蒜薹炒山药

⏰ 3分钟   ✖ 降压降糖

📉 清淡   ☺ 糖尿病患者

　　一道好菜除了霸气外露的香味儿，在扮相上就能吸引到你。那一条条洁白如玉的山药，与绿色的蒜薹、红黄相间的彩椒丝搭配在一起，煞是好看。浅尝一口，绵滑脆软，微微的辣凸显得恰到好处，不仅拓展了整道菜味道呈现的宽度，更让人回味无穷。

材料

蒜薹	150克
山药	150克
彩椒片	20克

调料

盐	3克
鸡精	2克
白糖	2克
水淀粉	少许
食用油	少许

❶ 将洗好的蒜薹切段。

❷ 把去皮洗净的山药切丝，浸泡在水中。

❸ 锅中注水，加盐和食用油烧开。

❹ 倒入蒜薹、山药焯烫约1分钟。

❺ 倒入彩椒略烫一下。

❻ 捞出焯好的食材。

做法演示

❶ 热锅注油，倒入山药、彩椒、蒜薹。

❷ 加入盐、鸡精、白糖炒匀。

❸ 加入少许水淀粉勾芡。

❹ 快速拌炒均匀。

❺ 起锅盛入盘内即成。

食物相宜

降低血脂

蒜薹

黑木耳

缓解疲劳

蒜薹

猪肝

制作指导

✿ 山药可红烧、蒸、煮、油炸、拔丝、蜜炙等，也可用于制作糕点。

✿ 山药宜去皮食用，以免产生麻、刺激等异常口感。

养生常识

★ 山药是虚弱、疲劳或病愈者恢复体力的最佳食品。

★ 经常食用山药能提高免疫力、预防高血压、降低胆固醇、利尿、润滑关节。

★ 糖尿病患者适合多吃山药。

黄瓜素小炒

🕐 3分钟　　✄ 增强免疫力
⚖ 清淡　　　☺ 儿童

　　在快节奏的城市生活中，小炒的食材获取价格低廉，做起来快速、简单、便捷，小而精致、小而美味。一盘黄瓜素小炒菜色悦目，细碎的食物也更易于咀嚼和消化，同时将多种食材的口感、味道掺杂在一起，酸甜适口、清脆鲜香。

材料		调料	
黄瓜	150 克	盐	2 克
水发黑木耳	30 克	味精	2 克
酸笋	35 克	白糖	2 克
彩椒	35 克	料酒	3 毫升
蒜末	5 克	水淀粉	适量
姜片	5 克	食用油	适量
葱段	5 克		

食材处理

① 将洗净的黄瓜切丁。

② 洗好的酸笋切丁。

③ 彩椒洗净切丁。

④ 将洗好的黑木耳切成小片。

⑤ 锅中加水，放盐，煮沸后再倒入酸笋、黑木耳。

⑥ 拌匀，焯煮约1分钟至熟，捞出黑木耳和笋丁。

做法演示

① 热锅注油，倒入蒜末、姜片爆香。

② 倒入黄瓜、彩椒炒片刻。

③ 倒入黑木耳和酸笋，放入料酒、盐、味精、白糖炒匀。

④ 加入少许水淀粉勾芡。

⑤ 撒入葱段拌炒匀，继续炒匀至入味。

⑥ 盛入盘中即成。

制作指导

❂ 质量好的黄瓜鲜嫩，外表刺粒未脱落，色泽绿，手摸时有刺痛感，饱满、硬实。

❂ 黄瓜用保鲜膜封好置于冰箱中可保存1周左右。

养生常识

★ 黄瓜是糖尿病患者首选的食品。

★ 脾胃虚弱、腹痛、腹泻、肺寒咳嗽者应少吃黄瓜。

食物相宜

**降低血压
消炎止痛**

彩椒

+

空心菜

美容养颜

彩椒

+

苦瓜

促进肠胃蠕动

彩椒

+

紫甘蓝

平菇炒肉片

🕐 3 分钟　　❎ 开胃消食

🌡 辣　　　　😊 高血压患者

　　这是一种熟悉的味道，就像童年时放学回家，刚进门便能闻到的从厨房中飘出的味道。人们习惯选择肉质厚实、鲜嫩的平菇，或炒，或炖，或作为馅料，吃起来嫩滑爽润、口感上佳。这道菜非常经济实惠，富含的水分会让菜中带有一点汤汁，汁浓味美。

材料		调料	
平菇	300 克	盐	3 克
瘦肉	100 克	味精	2 克
红椒片	15 克	淀粉	适量
青椒片	15 克	白糖	3 克
葱白	5 克	料酒	3 毫升
蒜末	5 克	老抽	3 毫升
姜末	5 克	蚝油	3 毫升
		食用油	适量

❶ 将洗净的平菇切去根部，备用。

❷ 将洗净的瘦肉切成薄片。

❸ 肉片加少许淀粉、盐、味精拌匀。

❹ 再加适量食用油拌匀，腌渍约10分钟。

❺ 锅中加清水烧开，加少许食用油，倒入平菇。

❻ 煮至断生后捞出。

❼ 热锅注油，烧至四成热，倒入肉片。

❽ 滑油至变色后，捞出备用。

做法演示

❶ 锅底留油，倒入姜末、蒜末、葱白、青椒、红椒爆香。

❷ 倒入平菇、肉片。

❸ 加盐、味精、白糖、蚝油、老抽、料酒。

❹ 翻炒约1分钟至熟透。

❺ 加入少许水淀粉勾芡。

❻ 翻炒均匀即成。

食物相宜

降低胆固醇

瘦肉

＋

红薯

开胃消食

瘦肉

＋

白菜

荷兰豆炒香肠

🕐 4分钟　　❌ 促进食欲

📦 鲜　　　　🙂 一般人群

　　腊肠是中国南方百姓喜闻乐见的风味食品，有川味、广味之分，前者口味偏辣，后者偏甜。优质的腊肠色泽红润，间杂有白色夹花，咸甜适口，滋味醇厚香浓，搭配口感脆嫩、香气清新的荷兰豆，让人越嚼越起劲儿、越嚼越香。

材料

荷兰豆	200 克
香肠	100 克
姜片	5 克
蒜片	5 克
红椒片	20 克

调料

盐	2 克
白糖	2 克
味精	2 克
料酒	3 毫升
水淀粉	适量
食用油	适量

① 将香肠切成片。

② 在清水锅中加入少许食用油，倒入荷兰豆拌匀。

③ 焯煮片刻捞出。

④ 热油锅中倒入香肠拌匀。

⑤ 待炸至呈暗红色后，捞出。

做法演示

① 锅底留油，倒入姜片、蒜片、红椒片充分爆香。

② 倒入荷兰豆、香肠。

③ 加盐、味精、白糖、料酒，炒至入味。

④ 加水淀粉勾芡。

⑤ 加入少许熟油翻炒均匀。

⑥ 盛入盘中即可。

食物相宜

开胃消食

荷兰豆

＋

蘑菇

健脾、通乳、利水

荷兰豆

＋

红糖

制作指导

✪ 为防止中毒，荷兰豆食前可用沸水焯或热油煸，直至变色熟透，方可安全食用。

✪ 荷兰豆焯水的时候放点油和盐，这样可以保持其清脆的口感。

养生常识

★ 荷兰豆性平、味甘，具有和中下气、利小便、解疮毒的作用，能益脾和胃、生津止渴、除呃逆、止泻痢、解渴通乳。

芋头蒸排骨

⏱ 18 分钟　　✗ 保肝护肾
🔖 清淡　　😊 男性

　　很多人喜欢蒸菜，这种古老的烹饪方式借助水蒸气的高温来烹制食物，既可最大限度地保留食材的营养成分，又能有效控制含油量，口味清淡，为健康饮食加分不少。这道菜中过油后的芋头外脆内软、营养丰富，腌渍的排骨蒸熟后嫩滑软烂，原汁原味。

材料

芋头	130 克
排骨	180 克
水发香菇	15 克
葱末	5 克
姜末	5 克

调料

盐	3 克
白糖	2 克
味精	1 克
料酒	3 毫升
豉油	3 毫升
食用油	适量

❶ 将已去皮洗净的芋头切成菱形块。

❷ 把洗好的排骨斩成段，装入碗中。

❸ 加盐、白糖、料酒、姜末、葱末。

❹ 拌匀后再腌渍约10分钟。

❺ 锅中倒油烧热，放入芋头，小火炸约2分钟至熟。

❻ 捞出芋头，装入盘中备用。

做法演示

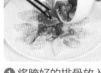
❶ 将腌好的排骨放入装有芋头的盘中间。

❷ 将洗好的香菇置于排骨上面。

❸ 放入蒸锅。

❹ 加盖中火蒸约15分钟至排骨酥软。

❺ 取出，淋上少许豉油即可。

食物相宜

滋阴生津

排骨

西洋参

抗衰老

排骨

洋葱

制作指导

✪ 将带皮的芋头装进小口袋里（装半袋），用手抓住袋口，将袋子在地上摔几下，再把芋头倒出，芋头皮便可全脱下。

养生常识

★ 芋头性平，味甘、辛，能益脾胃、调中气、化痰散结。可辅助治疗少食乏力、结核、久病便血、痈毒等病症。

★ 芋头特别适合身体虚弱者食用。过敏体质者、小儿食滞、胃纳欠佳者，以及糖尿病患者应少食；食滞胃痛、肠胃湿热者忌食。

蒜薹炒鸡胗

⏱ 4分钟　　✂ 增强免疫力
⚖ 咸　　　　☺ 一般人群

　　对于食味来说，吃的情调与趣味同样重要。悠闲的午后，拉着朋友小酌几杯，对酒当歌，人生几何？这时就需要一种开胃解馋的下酒菜，鸡胗口感脆嫩，韧脆适中，炸、爆、卤皆宜。配以清爽的蒜薹，那微微的辣会促使口腔分泌更多的唾液，让鸡胗更有嚼劲儿。

材料

蒜薹	100克
鸡胗	80克
姜片	5克
葱白	5克

调料

料酒	5毫升
盐	2克
味精	1克
淀粉	适量
老抽	5毫升
水淀粉	适量
食用油	适量

❶ 将洗净的蒜薹切成段。

❷ 处理好的鸡胗打花刀，再切成片。

❸ 鸡胗放入碗中加盐、味精。

❹ 倒入淀粉拌匀，腌渍约 10 分钟。

❺ 锅中加清水烧热，加入食用油、盐。

❻ 再倒入蒜薹。

❼ 煮沸捞出。

❽ 然后倒入鸡胗。

❾ 煮沸捞出。

做法演示

❶ 用油起锅，加姜片爆香。

❷ 倒入鸡胗。

❸ 加料酒炒香，再加入老抽上色。

❹ 倒入蒜薹，加少许清水炒至熟。

❺ 加盐、味精、葱白。

❻ 倒入水淀粉勾芡。

❼ 用小火炒匀。

❽ 盛入盘中即可。

降低血脂

蒜薹

＋

黑木耳

缓解疲劳

蒜薹

＋

猪肝

芙蓉豆瓣

⏰ 2 分钟 ✖ 养心润肺
🅰 鲜 😊 一般人群

初春时节，择一口细嫩的时鲜实乃一大快事。芙蓉菜并不是说菜中放有芙蓉花，而是用鸡蛋液或蛋清配以各种调味料、茸料加热凝固，其色洁白，鲜香细嫩，形似芙蓉。酥软的豆瓣拌着鲜香的火腿末儿和软软的鸡蛋，绝对是征服味觉的必杀武器。

材料		调料	
蚕豆	100克	盐	3克
鸡蛋	3个	味精	2克
火腿	15克	鸡精	2克
		食用油	适量

❶ 鸡蛋取蛋清，盛入碗中。

❷ 锅中加约 800 毫升清水烧开，倒入蚕豆，煮约 1 分钟。

❸ 将煮好的蚕豆捞出来。

❹ 盛入碗中，加适量清水，浸泡片刻。

❺ 剥去蚕豆的外壳，取蚕豆仁备用。

❻ 将金华火腿放入热水锅中，煮约 3 分钟至熟透。

❼ 将煮好的火腿捞出。

❽ 将火腿切碎，剁成细末。

❾ 热锅注油，烧至三成熟，倒入蛋清。

❿ 待起泡沫状捞出，装盘。

⓫ 将炸好的蛋清分成小块。

食物相宜

利尿、清肺

蚕豆

＋

白菜

清肝祛火

蚕豆

＋

枸杞子

做法演示

❶ 用油起锅，倒入蚕豆炒香。

❷ 倒入蛋清，炒匀。

❸ 加入盐、味精、鸡精，炒匀调味。

❹ 倒入火腿末炒匀。

❺ 继续翻炒片刻。

❻ 盛出装盘即可。

双色蒸水蛋

⏱ 7分钟　　✖ 清热解毒

⚖ 清淡　　😊 一般人群

　　人们采用蒸的方式将鸡蛋液加热凝固，其口感细嫩，香软润滑，南方人称之为"蒸水蛋"，北方人则叫"鸡蛋羹"。菠菜末和菠菜汁的加入，给这道菜增添了新的食味元素，一黄一绿各有不同的味道和口感，做法新颖，也有一定的食疗价值。

材料

鸡蛋	2个
菠菜	150克

调料

盐	3克
鸡精	2克
味精	2克
食用油	适量

❶ 取少许洗净的菠菜切碎，剁成末。

❷ 剩余菠菜切碎，剁成末，装入隔纱布中。

❸ 收紧纱布，将菠菜汁挤入碗中。

❹ 取一个鸡蛋，打入碗中。

❺ 加少许盐、鸡精，打散调匀。

❻ 加入适量温水调匀。

❼ 加入少许食用油调匀。

❽ 将蛋液倒入太极碗中。

❾ 另取一个鸡蛋打入碗中，加少许盐、味精、鸡精调匀。

❿ 加入菠菜和菠菜汁调匀。

⓫ 加入适量食用油调匀。

⓬ 将含有菠菜汁的蛋液倒入碗中的另外半边。

食物相宜

降低血脂

鸡蛋

醋

增强免疫力

鸡蛋

干贝

做法演示

❶ 把盛有蛋液的太极碗放入蒸锅。

❷ 加盖，大火蒸约 7 分钟至熟。

❸ 揭盖，把蒸好的水蛋取出即可。

醋香鳜鱼

⏰ 6分钟	✖ 瘦身排毒		
🧂 酸	☺ 女性		

　　在中国，食鱼取"年年有鱼（余）"之意，坊间更有"无鱼不成席"的说法。鳜鱼是中国人招待上宾的稀有名贵鱼种，尤以黑龙江所产绝佳，历代文人名士对其都不惜溢美之词。鳜鱼刺少肉厚，肉质细白鲜嫩，呈蒜瓣状，加入香醋更添其鲜香，口感格外细嫩。

材料

鳜鱼	500克
西蓝花	100克
红椒	30克
姜片	5克
葱白	5克
蒜末	5克

调料

盐	4克
味精	2克
料酒	5毫升
香醋	3毫升
淀粉	适量
生抽	3毫升
蛋清	适量
水淀粉	适量

食材处理

❶ 洗净的西蓝花切瓣。

❷ 红椒洗净切成圈。

❸ 将鳜鱼处理干净，片取鱼肉，剔去腩骨。

❹ 鱼肉切片。

❺ 鱼片加盐、味精、料酒搅匀。

❻ 加入少许蛋清，再撒入淀粉拌匀，淋入食用油腌渍片刻。

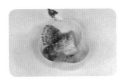
❼ 把鱼头、鱼尾加盐抹匀。

❽ 撒上淀粉拌匀。

做法演示

❶ 锅中倒入清水，加盐、味精、食用油烧开，倒入西蓝花。

❷ 焯熟后捞出。

❸ 热锅注油，烧至五六成热，放入鱼头。

❹ 炸熟后捞出。

❺ 放入鱼尾炸至断生捞出。

❻ 放入鱼片拌匀。

❼ 滑油至熟捞出。

❽ 用油起锅，倒入姜片、蒜末、葱白爆香，加入少许生抽、料酒。

❾ 加入少许清水，放盐、味精拌匀烧开。

❿ 倒入水淀粉调成芡汁。

⓫ 倒入鱼片拌匀。

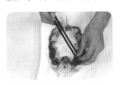
⓬ 将西蓝花摆入放有鱼头鱼尾的盘中。

⓭ 将鱼片盛入摆好鱼头、鱼尾的盘中。

⓮ 撒上辣椒圈，盘底浇入香醋即成。

彩椒墨鱼柳

⏱ 2分钟　　✂ 补血养颜

⬛ 鲜　　😊 女性

　　墨鱼是一种地道的海鲜，除了生食以外，通过快速汆烫、爆炒，也能很好地保留墨鱼鲜美的肉质和脆嫩的口感。洁白的墨鱼肉在齿间反复咀嚼，清新、爽滑并带有一点点韧劲儿。

材料		调料	
彩椒	150克	盐	2克
墨鱼	70克	味精	1克
蒜末	5克	水淀粉	适量
姜片	5克	料酒	3毫升
葱段	5克	白糖	2克
		食用油	适量

❶ 将洗净的彩椒去籽，切成条。

❷ 将处理好的墨鱼切条。

❸ 将墨鱼装入碗中，加盐、味精、水淀粉拌匀。

❹ 锅中加清水烧开，加入盐、食用油。

❺ 倒入彩椒煮约 1 分钟。

❻ 捞出煮好的彩椒。

❼ 倒入墨鱼。

❽ 余烫片刻后捞出，备用。

做法演示

❶ 用油起锅，放入姜片、蒜末、葱段爆香。

❷ 倒入彩椒、墨鱼。

❸ 加入料酒。

❹ 加入盐、味精、白糖、水淀粉。

❺ 拌炒至入味。

❻ 盛出装盘即可。

食物相宜

治哮喘

墨鱼

＋

白糖

治消化道溃疡

墨鱼

＋

花生仁

养生常识

★ 心脑血管疾病、高血压患者不宜食用墨鱼。

豆角茄子

　　远离了大鱼大肉的日子，吃素让人更趋于自然、平和、健康，但全无人间烟火之气、找不到半点儿油星儿的菜式也难免让人按捺不住寂寞。将茄条和豆角过油后，绵软脆嫩的两种食材绝对能让你满口喷香，再加上蒜末、干辣椒的协助，胃口大开的你只能再去多盛几回饭了。

材料		调料	
茄子	150克	盐	2克
豆角	100克	白糖	1克
干辣椒	少许	味精	1克
蒜末	5克	鸡精	1克
		食用油	适量

❶ 将去皮洗净的茄子切成条。

❷ 将洗净的豆角切成约 4 厘米长的段。

❸ 炒锅注油，烧至五成热，倒入茄子炸约 1 分钟。

❹ 炸片刻至熟透，捞出备用。

❺ 放入豆角炸约 1 分钟，至熟后捞出备用。

❻ 将炸好的茄子、豆角装入盘中备用。

做法演示

❶ 锅中注油烧热，倒入蒜末、洗好的干辣椒爆香。

❷ 倒入炸熟的茄子、豆角。

❸ 加入盐、白糖、味精、鸡精。

❹ 拌炒至入味。

❺ 盛出炒好的豆角茄子即成。

食物相宜

通气顺肠

茄子

黄豆

预防心血管疾病

茄子

羊肉

制作指导

✪ 豆角在烹调前应将豆筋摘除，否则既影响口感，又不易消化。

✪ 豆角的烹煮时间宜长不宜短，应保证其熟透。

养生常识

★ 豆角能使人头脑宁静，调理消化系统，消除胸膈胀满，有解渴健脾、补肾止泄、益气生津的作用。

鱼香脆皮豆腐

🕐 4分钟	✖ 开胃消食		
⚠ 辣	☺ 一般人群		

当有人聊起晚上吃什么的话题时，不少人会回答说"随便"，这并非是一种不负责任的敷衍，而是真的什么也不想吃，或者不知道吃什么。那就给他（她）上一道鱼香脆皮豆腐吧，此菜品外焦里嫩，脆软香滑，裹上川菜厨子尤其擅长的鱼香汁，绝对会让他（她）的味觉神经进入状态。

材料

日本豆腐	200 克
姜末	15 克
蒜末	5 克
葱	3 克
灯笼泡椒	20 克

调料

醋	3 毫升
辣椒油	适量
白糖	2 克
盐	2 克
生抽	3 毫升
老抽	2 毫升
淀粉	适量
水淀粉	适量
食用油	适量

❶ 葱洗净，切成葱花。

❷ 将灯笼泡椒去蒂，切末。

❸ 盘底抹上淀粉，日本豆腐切段，装盘，撒上淀粉。

做法演示

❶ 油锅烧至四五成热时，放入豆腐块炸约2分钟至金黄色。

❷ 捞出装盘。

❸ 锅留底油，放入蒜末、葱末、姜末、泡椒末炒出辣味。

❹ 加清水、醋、辣椒油、白糖、盐、生抽、老抽、水淀粉调汁。

❺ 倒入豆腐拌炒均匀，煮约1分钟至入味，出锅装盘。

❻ 浇入原汤汁，撒上葱花即成。

食物相宜

补钙

日本豆腐

鱼

治便秘

日本豆腐

韭菜

制作指导

✿ 日本豆腐买回家后，应立刻放入冰箱冷藏，烹调前再取出。

✿ 日本豆腐有降压、化痰、消炎、美容、止吐的作用。

✿ 胃溃疡、胃酸分泌过多者慎食日本豆腐。

✿ 日本豆腐虽质感似豆腐，却不含任何豆类成分。它是以鸡蛋为主要原料，辅之纯水、植物蛋白、天然调味料等，经科学配方精制而成，具有豆腐之爽滑鲜嫩，鸡蛋之美味清香。

家常豆腐

🕐 4分钟		✖ 清热解毒	
🔥 辣		☺ 一般人群	

豆腐是中国自古流传下来的传统美食，有南北豆腐之分，南豆腐质地细嫩，北豆腐质地粗老，是素食餐桌上的常客。家常豆腐成本低廉，烹炒快速，口感香软，微辣鲜咸，仔细回味还会有一点点儿的甜味在里面，是老少皆宜的一道菜品。

材料

豆腐	300克
青椒	40克
鸡腿菇	20克
葱花	5克

调料

盐	2克
老抽	3毫升
豆瓣酱	适量
料酒	5毫升
水淀粉	适量
鸡精	2克
熟油	适量
食用油	适量

食材处理

❶ 将洗好的豆腐切成方块。

❷ 青椒洗净，切片。

❸ 洗净的鸡腿菇切丁。

❹ 锅中倒入适量清水，加盐。

❺ 放入豆腐。

煮约2分钟后，捞出。

做法演示

❶ 热锅注油，放入鸡腿菇、青椒，加料酒炒香。

❷ 往锅里倒入少许清水。

❸ 加入老抽、豆瓣酱拌匀。

❹ 倒入豆腐。

❺ 煮沸后加盐、鸡精，再煮约1分钟至入味。

❻ 用水淀粉勾芡。

❼ 淋入熟油拌匀。

❽ 盛出装盘，撒上葱花即可。

食物相宜

健脾养胃

豆腐

西红柿

益智强身

豆腐

金针菇

小炒口蘑

- 🕐 5分钟
- ✖ 开胃消食
- 🅰 辣
- 😊 一般人群

　　小炒口蘑属于湘菜的一种，这类菜式尤擅香、酸、辣味的呈现，讲究食材的搭配与食味的彼此渗透。其中切成小块儿的口蘑、青椒、红椒、葱白，都利于各种食材的彼此入味、挥发香气，滋味咸鲜、微辣，浓郁的山乡风味一览无余。

材料

口蘑	150克
青椒	30克
红椒	30克
干辣椒	少许
姜片	5克
蒜末	5克
葱白	5克

调料

盐	2克
鸡精	2克
味精	3克
料酒	3毫升
蚝油	3毫升
熟油	适量
水淀粉	适量
食用油	适量

食材处理

❶ 将洗净的口蘑切小块。

❷ 将青椒、红椒洗净切圈。

❸ 锅中加清水烧开，加盐、鸡精、料酒。

❹ 倒入口蘑，煮约1分钟。

❺ 捞出口蘑备用。

做法演示

❶ 起油锅，倒入蒜末、姜片、干辣椒、葱白爆香。

❷ 放入青椒、红椒翻炒，倒入口蘑炒匀。

❸ 加料酒、蚝油、盐、味精、鸡精炒匀。

❹ 加水淀粉勾芡。

❺ 淋入熟油拌炒均匀。

❻ 盛出即可。

制作指导

☺ 要选择个体完整、无异味的新鲜口蘑。

☺ 口蘑不易保存，建议现买现食。

食物相宜

补中益气

口蘑

＋

鸡肉

防治肝炎

口蘑

＋

鹌鹑蛋

养生常识

★ 口蘑可以和很多食物一起混合烹饪，并能给这些食物增加鲜美之味，口感风味更佳。

★ 辣椒容易引发痔疮，故要少吃。

★ 口腔溃疡、食管炎、咳喘、咽喉肿痛患者应少食本菜品。

第 3 章

纯真味道

"采菊东篱下，悠然见南山"的隐士生活让人向往，而一饭一菜在褪去繁华后，呈现出那种最真实、最纯粹的味道更值得期待。稍加烹饪之后，食物成为人们亲近自然的机会，释放压力，让舌尖的美味去叩问你内心的欲望。

韭黄炒胡萝卜丝

⏱ 2分钟　✖ 保肝护肾
🧂 清淡　☺ 男性

在初春细雨微斜的午后，选一处巷口临窗的桌边，点一盘清淡、爽口的小菜，迷住你的眼，诱惑你的心。嫩嫩的韭黄和胡萝卜丝在齿间发出脆爽的声音，红、黄、白的色调有序却也凌乱，宛如悸动的心绪在雨点敲打窗棂的拍子中幽幽地唱。

材料		调料	
韭黄	100克	盐	2克
胡萝卜	150克	鸡精	1克
水发香菇	少许	白糖	2克
		食用油	适量

❶ 胡萝卜去皮，洗净，切丝。

❷ 水发香菇洗净切丝。

❸ 韭黄洗净切段。

做法演示

❶ 用食用油起锅。

❷ 倒入胡萝卜丝和香菇丝拌炒。

❸ 加入韭黄翻炒至熟。

❹ 加入少许盐、鸡精、白糖。

❺ 拌匀调味。

❻ 出锅即成。

制作指导

✿ 挑选韭黄时，以叶片无枯萎、腐烂、无绿色的为好。

✿ 韭黄不易保存，可以用带帮的大白菜叶子包住捆好，放在阴凉处，能保存好几天。

✿ 韭黄入菜，可做主料，也可做配料，或做水饺、春卷的馅料。

养生常识

★ 多吃韭黄可以养肝，增强脾胃之气。

★ 韭黄尤其适宜便秘、女性产后乳汁不足、寒性体质等人群食用。

★ 多食韭黄会上火且不易消化，因此阴虚火旺、有眼病和胃肠虚弱的人不宜多食。

★ 韭黄的辛辣气味有散淤活血、行气导滞的作用，适用于跌打损伤、反胃、肠炎、胸痛等症。

食物相宜

开胃消食

胡萝卜

+

香菜

排毒瘦身

胡萝卜

+

绿豆芽

预防脑卒中

胡萝卜

+

菠菜

秘制白萝卜丝

⏰ 2分钟　　✂ 开胃消食
📊 清淡　　☺ 一般人群

　　厌倦了甘肥厚腻的大鱼大肉，人们往往会对适口的小菜更偏爱一些，其中白萝卜就是最为常见的一味。白萝卜皮薄爽脆、肉嫩多汁、味甘而不辣，可生可熟，可菹可酱，搭配红椒丝和少许香油，清新爽口，开胃下饭，几分钟便会被满桌人一扫而光。

材料		调料	
白萝卜	300 克	盐	2 克
虾米	10 克	鸡精	2 克
红椒	15 克	香油	2 毫升

食材处理

❶ 洗净的白萝卜去皮切片，再切成丝。

❷ 洗好的红椒切开，去籽，切丝。

❸ 锅中加约 1000 毫升清水，烧开，放入虾米。

❹ 煮片刻捞出。

❺ 倒入白萝卜丝，搅散，煮约 2 分钟至熟。

❻ 将煮好的白萝卜丝捞出。

做法演示

❶ 将煮好的白萝卜丝盛入碗中，加红椒丝。

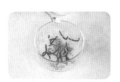

❷ 再倒入虾米、盐、鸡精。

❸ 加入少许香油。

❹ 用筷子拌匀。

❺ 将拌好的材料盛出装盘即可。

食物相宜

可治消化不良

白萝卜

金针菇

补五脏，益气血

白萝卜

牛肉

制作指导

- ✪ 选购白萝卜时，以皮细嫩光滑，比重大，用手指轻弹，声音沉重、结实的为佳，如声音混浊则多为糠心萝卜。
- ✪ 白萝卜不宜与水果一起吃。

香芹炒牛肚

⏱ 5分钟	✂ 增强免疫力
🧂 鲜	☺ 一般人群

　　每逢秋末冬初，打二两烧酒，切一盘牛肚，蘸着作料大快朵颐，是老北京人讲究"吃秋"的一点印象。牛肚这种旧时下层百姓的荤腥食材，如今也成了富贵人家的心爱之味，搭配上细嫩的香芹，满口的鲜香脆嫩，不知道会引来多少吃货的口水。

材料		调料	
香芹	120克	盐	2克
熟牛肚	200克	味精	1克
红椒	15克	水淀粉	适量
		蚝油	3毫升
		料酒	3毫升
		熟油	适量
		食用油	适量

❶ 将洗好的香芹切成段。

❷ 洗净的红椒去籽，切丝。

❸ 熟牛肚洗净切丝。

做法演示

❶ 锅置旺火，注油烧热，倒入牛肚。

❷ 加入料酒炒香。

❸ 倒入香芹、红椒丝，加入味精、盐翻炒约1分钟。

❹ 加入蚝油炒匀，用水淀粉勾芡。

❺ 淋入熟油拌匀。

❻ 盛入盘内即可。

制作指导

✪ 牛肚中放点酱油，颜色看上去更漂亮。

✪ 适宜于病后虚羸、气血不足、营养不良、脾胃薄弱之人食用。

✪ 湿热痰滞及感冒者不宜多食。

✪ 炒制时也加入少许辣椒油，可使菜肴味道更好。

✪ 熟牛肚可用碱水和醋再清洗下，以去除其腥味。

✪ 烹饪此菜肴不要加水。

食物相宜

降低血压

香芹

茭白

补血养颜

香芹

红枣

葱烧牛蹄筋

🕐 6分钟　　✖ 增强免疫力
🔲 鲜　　　　☺ 老年人

　　中国人吃饭时讲究真材实料、原汤原味，将不同味道的食材汇在一盘中，彼此调和，彼此助益，最是考验烹饪者的智慧。软滑酥香的牛蹄筋与葱白相互入味，让这道菜更加香浓味醇，吃起来淡嫩不腻，格外顺口。

材料

熟牛蹄筋	200克
大葱	80克
上海青	50克
蒜叶	30克
姜片	5克
蒜片	5克

调料

盐	2克
味精	1克
白糖	2克
蚝油	3毫升
生抽	3毫升
老抽	2毫升
料酒	2毫升
水淀粉	适量
熟油	适量
食用油	适量

 ❶ 将牛蹄筋洗净切块。

 ❷ 将洗净的大葱切成段。

 ❸ 将洗净的上海青放入沸水锅中焯烫。

 ❹ 焯熟后捞出。

 ❺ 倒入牛蹄筋氽烫片刻,去除杂质。

 ❻ 捞出备用。

做法演示

 ❶ 起油锅,倒入姜片、蒜片、大葱炒香。

 ❷ 倒入牛蹄筋翻炒均匀。

 ❸ 淋入料酒,加入蚝油、生抽、老抽炒匀。

 ❹ 倒入适量清水煮沸,加盐、味精、白糖。

 ❺ 加盖煮约3分钟至牛蹄筋熟透。

 ❻ 撒入准备好的蒜叶。

 ❼ 加入水淀粉拌匀,淋入少许熟油拌匀。

 ❽ 继续翻炒片刻。

 ❾ 盛入装有上海青的盘中即成。

制作指导

✪ 干牛蹄筋需要用凉水或碱水发制。

✪ 要选购干燥、筋条粗长挺直、表面洁净无污物、色光白亮、呈半透明状、无异味的牛蹄筋食用。

食物相宜

保护胃黏膜

牛蹄筋

土豆

健脾养胃

牛蹄筋

洋葱

养血补气

牛蹄筋

枸杞子

京葱羊里脊

⏱ 4分钟　　✖ 开胃消食
🧂 鲜　　😊 一般人群

　　有的人爱吃肉，细嫩鲜香的羊肉更是这类人心目中的最爱。羊里脊肉是紧靠羊脊骨后侧的一小长条肉，质地软嫩，是羊肉当中的上上之品。将羊里脊肉以高温大火快速翻炒，再借助味甜的京葱来提香，葱借肉味，肉比葱香，是一道冬季温补的绝佳美味。

材料		调料	
羊里脊肉	150克	料酒	2毫升
青椒	20克	蚝油	3毫升
红椒	20克	盐	2克
大葱	60克	味精	1克
蒜末	5毫升	水淀粉	适量
姜片	5毫升	淀粉	适量

食材处理

❶ 将洗净的大葱切成段。

❷ 青椒、红椒洗净，对半切开，再切片。

❸ 羊里脊肉洗净切成片。

❹ 放入盘中，加盐、味精、淀粉拌匀。

❺ 倒入水淀粉拌匀，再淋入食用油腌渍的10分钟至入味。

做法演示

❶ 热锅注油，烧至四五成热，倒入羊肉。

❷ 羊肉滑油片刻后，捞出备用。

❸ 锅底留油，放入蒜末、姜片、青椒、红椒爆香。

❹ 倒入大葱。

❺ 拌炒均匀。

❻ 倒入羊肉，加料酒、蚝油、盐、味精翻炒至熟。

❼ 加入水淀粉，淋入熟油。

❽ 快速炒匀。

❾ 盛入盘内即可。

食物相宜

治疗腹痛

羊肉

＋

生姜

增强免疫力

羊肉

＋

香菜

炒羊肚

- 🕐 4 分钟
- 🍴 消食开胃
- 🧂 清淡
- 😊 一般人群

　　鲜香脆嫩的口感、滋味浓郁的汤汁，又透着一点点诱惑的辣，这道炒羊肚能同时满足你对食物鲜、香、脆、辣的不同欲望。出锅前加入适量蚝油调味，可以让菜品的滋味更加鲜醇，若再淋入少许辣椒油则香味更佳，令人齿颊留香。

材料		调料	
熟羊肚	250 克	盐	2 克
青椒片	15 克	味精	1 克
红椒片	15 克	蚝油	3 毫升
姜片	5 克	水淀粉	适量
蒜末	5 克	食用油	适量
葱白段	少许		
葱叶	少许		

❶ 熟羊肚洗净切片。

❷ 装入盘中备用。

做法演示

❶ 起油锅，倒入姜片、蒜末、葱白段爆香。

❷ 倒入熟羊肚拌炒片刻。

❸ 倒入青椒、红椒片，炒约1分钟至熟。

❹ 加入少许盐、味精。

❺ 加入适量蚝油，炒匀调味。

❻ 倒入少许水淀粉炒匀。

❼ 撒入葱叶炒匀。

❽ 继续在锅中翻炒至熟透。

❾ 装入盘中即成。

制作指导

✪ 洗羊肚时加点醋，可以去除异味。

✪ 羊肚上面的黑膜不可食用，切羊肚时应将其去除。

✪ 淋入少许辣椒油，味道会更好。

养生常识

★ 羊肚尤其适宜体质羸瘦、虚劳衰弱之人食用；反胃、食欲不佳以及盗汗、尿频之人可多食羊肉。

美容养颜

青椒

+

苦瓜

促进肠胃蠕动

青椒

+

紫甘蓝

降低血压消炎止痛

青椒

+

空心菜

胡萝卜炒鸡丝

🕐 3分钟　　✕ 增强免疫力

🗄 鲜　　☺ 一般人群

　　现代人的生活愈来愈注重营养和健康。鸡肉属于高蛋白、低脂肪类肉食，再搭配有着"小人参"之称的胡萝卜，鲜香脆嫩，且富含多种维生素和矿物质，让这道菜在兼顾美味的同时，也能帮助补养身体，可谓是食补双得、一箭双雕。

材料		调料	
胡萝卜	200 克	料酒	2 毫升
鸡胸肉	300 克	盐	3 克
姜丝	5 克	味精	2 克
蒜末	5 克	鸡精	1 克
葱白	3 克	水淀粉	适量
葱叶	3 克	食用油	适量

① 把去皮洗净的胡萝卜切段，切片后再切成丝。

② 鸡胸肉洗净，切片，再切成丝，装入碗中备用。

③ 加盐、味精、水淀粉拌匀，加少许食用油腌渍。

④ 锅中加清水烧开，放入胡萝卜丝焯煮约1分钟后捞出。

⑤ 热锅注油，烧至四成热，倒入鸡肉丝滑炒均匀。

⑥ 滑油约1分钟至变白后捞出。

做法演示

① 锅底留油，倒入姜丝、蒜末、葱白爆香。

② 倒入焯水后的胡萝卜丝。

③ 加入滑过油的鸡肉丝。

④ 加料酒、盐、味精、鸡精炒约1分钟至入味。

⑤ 加水淀粉勾芡。

⑥ 倒入葱叶炒匀。

⑦ 加少许熟油炒均匀。

⑧ 盛出装盘即可。

食物相宜

生津止渴

鸡胸肉

+

人参

排毒养颜

鸡胸肉

+

冬瓜

冬瓜焖鸭

⏱ 80 分钟　　✖ 保肝护肾

🔺 鲜　　🙂 男性

　　炎热的夏季暑湿侵袭，人也会因胃口不佳而不思饮食，真正的美食达人此时就会因势利导，选择最聪明、最恰当的饮食来保养自己。自己动手做一份冬瓜焖鸭，软烂的鸭肉本身就是一味滋补佳品，配上清热解腻的冬瓜，美味与养生兼得，何乐而不为？

材料

鸭肉	350 克
冬瓜	200 克
姜片	5 克
胡萝卜片	20 克
鲜香菇	20 克
葱白	适量
葱叶	适量

调料

盐	3 克
白糖	2 克
料酒	5 毫升
胡椒粉	1 克
葱油	适量

食材处理

❶ 将洗净的鸭肉斩块；已去皮洗好的冬瓜切块。

❷ 锅中加清水，倒入鸭块。

❸ 汆煮约3分钟至断生，捞出备用。

做法演示

❶ 取一砂煲，注入适量清水，放入姜片、葱白。

❷ 倒入鸭块、处理好的香菇拌匀。

❸ 加盖，用大火烧开后转成小火煲约1小时至鸭肉熟软。

❹ 揭盖，放入胡萝卜片和冬瓜。

❺ 加入适量盐、白糖、料酒。

❻ 加盖，小火煨约15分钟。

❼ 揭盖，撒入胡椒粉。

❽ 放入葱叶，淋入少许葱油即成。

食物相宜

滋阴润肺

鸭肉

白菜

滋润肌肤

鸭肉

金银花

制作指导

✿ 冬瓜要稍微切大块一点，不然焖煮后太烂，影响其外观和口感。

✿ 要选用色泽明亮、无异味的鸭肉。

西红柿炒蛋

⏱ 3分钟　　🔪 美容养颜

🔺 酸　　😊 女性

　　西红柿是一种色彩鲜艳的浆果，人们爱上它不仅仅因为它最初是恋人们互赠的礼物，还因为它有着酸酸甜甜的口味。很多人将西红柿炒蛋作为自己进修家庭大厨的第一道菜式，它酸甜可口、营养开胃，做起来也简单方便，为心爱的人做一份爱的晚餐吧！

材料

西红柿	200克
鸡蛋	3个
姜末	5克
蒜末	5克
葱白	3克
葱花	3克

调料

盐	3克
鸡精	1克
白糖	2克
水淀粉	少许
番茄汁	少许
香油	少许
食用油	适量

❶ 将洗净的西红柿切成块。

❷ 鸡蛋打入碗中，加入适量盐、水淀粉。

❸ 搅散备用。

做法演示

❶ 锅置大火上，注油烧热，倒入蛋液拌匀。

❷ 翻炒至熟。

❸ 将炒好的鸡蛋盛入碗中备用。

❹ 用油起锅，倒入葱白、姜末、蒜末，爆香。

❺ 倒入西红柿炒约1分钟至熟。

❻ 加入盐、鸡精、白糖。

❼ 倒入炒好的鸡蛋翻炒匀。

❽ 淋入番茄汁并炒匀入味。

❾ 加入少许水淀粉勾薄芡；再淋入少许香油。

❿ 翻炒均匀。

⓫ 将做好的菜盛入盘内。

⓬ 撒上葱花即可。

食物相宜

降压、健胃消食

西红柿

+

芹菜

抗衰防老

西红柿

+

鸡蛋

苦瓜炒蛋

🕐 4分钟　　✖ 增强免疫力

⬜ 清淡　　　☺ 一般人群

　　夏秋时节，苦瓜的上市为人们提供了一种新的清热解暑的好食材。这种相貌怪怪、滋味清苦的时蔬有时会让人望而却步，但也有部分人乐在其中。这道菜有着诸多营养成分和保健作用，将一块碧绿纳入口中，清鲜脆爽，那种纯粹的天然味道显得格外珍贵。

材料

苦瓜	350克
红椒片	10克
葱白	7克
鸡蛋	2个

调料

盐	2克
白糖	1克
大豆油	适量

食材处理

❶ 苦瓜洗净，切片。

❷ 鸡蛋打入碗内，加少许盐打散。

做法演示

❶ 用大豆油起锅，倒入蛋液拌匀。

❷ 鸡蛋炒熟盛出。

❸ 起油锅，倒入苦瓜片、红椒片、葱白翻炒至熟。

❹ 加盐、白糖调味，倒入鸡蛋。

❺ 翻炒均匀。

❻ 出锅即可。

制作指导

☺ 蛋液中加少许清水，炒出的鸡蛋鲜嫩爽口。

☺ 想要苦瓜和鸡蛋不粘在一起，就要把苦瓜的水分控干。

☺ 煎蛋的油不能太少，否则煎出的蛋会比较干，香味不够。

☺ 苦瓜尽量切薄一些口感更好，且苦瓜的量不要太多。

☺ 炒制时加入少许香油，可以使菜肴更加鲜香。

食物相宜

排毒瘦身

苦瓜

+

辣椒

延缓衰老

苦瓜

+

茄子

三鲜蒸滑蛋

⏱ 10分钟　　❌ 清热解毒

⏚ 清淡　　☺ 孕产妇

　　蒸蛋是很多人童年时的美味记忆，它营养丰富、滑嫩香软，还带有一点甜甜的味道。如果加上虾仁、豌豆、胡萝卜这三种食材，则会更添鲜香，脆脆嫩嫩的口感变化也会让你大呼过瘾，暖暖的有一种历久弥新的感动。

材料

胡萝卜	35克
虾仁	30克
豌豆	30克
鸡蛋	2个

调料

水淀粉	适量
鸡精	2克
盐	3克
味精	1克
胡椒粉	1克
香油	适量
食用油	适量

❶ 去皮洗净的胡萝卜切 0.5 厘米厚的片，切条，再切成丁。

❷ 洗净的虾仁由背部切作两片，切成丁。

❸ 虾肉丁加少许盐、味精。

❹ 加入水淀粉拌匀，腌渍约 5 分钟。

❺ 锅中加约 800 毫升清水烧开，加少许盐。

❻ 倒入切好的胡萝卜丁。

❼ 加入少许食用油。

❽ 加入洗净的豌豆，拌匀，煮约 1 分钟。

❾ 加入虾肉，煮约 1 分钟。

❿ 将锅中的材料捞出备用。

⓫ 鸡蛋打入碗中。

⓬ 加少许盐、胡椒粉、鸡精打散调匀。

⓭ 加适量温水调匀。

⓮ 加少许香油调匀。

做法演示

❶ 取一碗，放入蒸锅，倒入调好的蛋液。

❷ 加盖，慢火蒸约 7 分钟。

❸ 揭盖，加入拌好的材料。

❹ 加盖，蒸约 2 分钟至熟透。

❺ 最后把蒸好的水蛋取出。

❻ 稍放凉即可食用。

苦瓜酿咸蛋

🕐 10 分钟	✖ 增强免疫力
🔺 苦	☺ 一般人群

　　苦瓜吃起来虽滋味苦涩，但却清鲜、脆爽，在与其他食材搭配时，也不会将苦味沾染到别的食材，故有"君子菜"的雅称。这道菜与苦瓜搭档的是咸蛋黄，咸蛋黄味道咸鲜，配合芡汁能极好地掩盖苦瓜的清苦原味，精致的外形也让人吃起来食趣多多。

材料		调料	
苦瓜	200 克	鸡精	1 克
咸蛋黄	150 克	盐	2 克
咖喱膏	20 克	水淀粉	适量
		味精	1 克
		白糖	2 克
		熟油	适量
		食用油	适量

❶ 将洗净的苦瓜切棋子形。

❷ 将苦瓜籽掏去。

❸ 装盘备用。

❹ 咸蛋黄放入蒸锅。

❺ 加上盖蒸约10分钟。

❻ 取出蒸熟的蛋黄压碎，再剁成末备用。

做法演示

❶ 锅中加清水烧开，加入鸡精、盐。

❷ 倒入苦瓜。

❸ 煮约2分钟捞出。

❹ 苦瓜稍放凉后，塞入咸蛋黄末。

❺ 整齐地摆在盘中。

❻ 将酿好的苦瓜放入蒸锅。

❼ 加盖蒸约5分钟至熟。

❽ 揭盖，取出蒸好的苦瓜。

❾ 用油起锅，倒入少许水。

❿ 倒入咖喱膏、盐、味精、白糖拌匀。

⓫ 加入水淀粉勾芡，淋入熟油拌匀。

⓬ 将芡汁浇在苦瓜上即可。

食物相宜

增强免疫力

苦瓜

＋

洋葱

清热解毒

苦瓜

＋

玉米

白灼基围虾

⏱ 4分钟　　✗ 增强免疫力

⬛ 鲜　　☺ 一般人群

　　鲜是人们对美味食物亘古不变的追求之一。不加刻意调味，将海鲜以沸水烫至刚熟即为白灼，这种独特的烹饪方式尽取食材的原汁原味，鲜、爽、嫩、滑，因为味醇，才更显鲜美。

材料		调料	
基围虾	250 克	料酒	30 毫升
生姜	35 克	豉油	30 毫升
红椒	20 克	盐	3 克
香菜	少许	鸡精	1 克
		白糖	2 克
		香油	适量
		食用油	适量

❶ 把去皮洗净的生姜切成薄片，再切成丝。

❷ 洗净的红椒去籽，切成丝。

做法演示

❶ 锅中加 1500 毫升清水烧开，放入料酒、盐、鸡精。

❷ 再放入切好的姜片。

❸ 倒入基围虾，搅拌均匀，煮约 2 分钟至熟。

❹ 把煮熟的基围虾捞出沥水。

❺ 装盘，放入洗净的香菜。

❻ 用油起锅，倒入约 70 毫升清水。

❼ 加入豉油、姜丝、红椒丝。

❽ 再加入白糖、鸡精、香油，拌匀。

❾ 煮沸后，将其制成味汁。

❿ 将味汁盛入味碟中。

⓫ 煮好的基围虾蘸上味汁后，即可食用。

食物相宜

增强免疫力

虾

+

白菜

益气、下乳

虾

+

葱

手撕包菜

🕐 3分钟　　✖ 瘦身排毒
🔥 辣　　　　☺ 女性

　　吃腻了甘肥厚味，自己动手做一盘手撕包菜吧，其口感脆嫩，香气飘逸，满盘尽是自然纯纯的味道，看似寻常的小菜却最能诱惑人心。将包菜手工撕碎是为了让其易于入味，包菜下锅时以大火快速翻炒，能让菜叶更脆爽鲜香。

材料		调料	
包菜	300克	盐	2克
蒜末	15克	味精	2克
干辣椒	少许	鸡精	1克
		食用油	适量

❶ 将洗净的包菜叶撕成片。

❷ 热锅注油，烧热后倒入蒜末爆香。

❸ 倒入洗好的干辣椒炒香。

❹ 倒入包菜，翻炒均匀。

❺ 淋入少许清水，继续炒约1分钟至熟软。

❻ 加入盐、鸡精、味精。

❼ 翻炒至入味。

❽ 盛入盘中。

❾ 摆好盘即成。

制作指导

- 制作这道菜时，要将包菜用手撕碎，不要用刀切。刀切的断面光滑，而撕出来的断面粗糙、凹凸不平，这样在炒制过程中，包菜叶与调味汁的接触面积就会增大，更易入味和挂汁，味道更鲜美；另一方面，用手撕菜可以避免金属刀具加速菜蔬中维生素 C 的氧化，减少营养流失。

- 手撕后的包菜叶下锅前，宜用凉水稍加浸泡，将水分控干后再下锅，这样菜叶会特别脆。

- 包菜下锅翻炒时，要用大火，这样炒出来的菜叶才会脆香。

益气生津

包菜

＋

西红柿

改善妊娠水肿

包菜

＋

鲤鱼

红烧冬瓜

🕐 3分钟　　✖ 清热解毒

🔲 辣　　　　☺ 女性

　　春去夏至，人们坐在幽静的庭院里数着日子，望着冬瓜藤上碧叶舒展、黄花绽放，一个个硕大、挂着白霜的冬瓜垂在架子上。爱品时鲜的人常常在这个时节吃冬瓜，红烧的菜式色泽红润、滋味鲜咸、软烂适口，是夏末解热利尿的上上之选。

材料	
冬瓜	500克
红椒	20克
葱	15克

调料	
盐	3克
味精	1克
生抽	3毫升
蚝油	3毫升
老抽	3毫升
水淀粉	适量
食用油	适量

❶ 洗好的冬瓜先切成厚片,再改切成块。

❷ 把去蒂洗净的红椒切开,去掉籽,改切成片。

❸ 葱洗净,葱白切成约2厘米长的段。

❹ 葱叶切成葱花。

❺ 锅中注水烧热,倒入冬瓜,焯煮约3分钟。

❻ 捞出煮好的冬瓜,装入盘中。

做法演示

❶ 炒锅热油,倒入葱白爆香。

❷ 倒入冬瓜、红椒片炒匀。

❸ 加入盐、味精、生抽、蚝油,炒匀。

❹ 加入少许清水。

❺ 焖煮约1分钟至绵软。

❻ 将炒熟的冬瓜盛入盘中,撒上葱花。

❼ 原汤汁烧开,加入老抽,拌煮片刻。

❽ 加入水淀粉调匀,制成芡汁。

❾ 将芡汁浇在冬瓜上即成。

养生常识

★ 冬瓜性寒,故久病不愈者与阴虚火旺、脾胃虚寒、易泄泻者慎食。

食物相宜

降低血压

冬瓜

+

海带

降低血脂

冬瓜

+

芦笋

利小便,降血压

冬瓜

+

口蘑

彩椒炒榨菜丝

🕐 2分钟 　 ✖ 开胃消食
🧂 辣 　 ☺ 孕产妇

　　榨菜是中国极具民间风味的特色食材，以茎用芥菜腌渍而成，与法国酸黄瓜、德国甜酸甘蓝并称世界三大知名腌菜。炒熟的榨菜丝既保留了自身脆嫩的口感，又能同清脆的彩椒丝和谐搭配，滋味咸鲜，更平添鲜香之气，是极好的下饭小菜。

材料		调料	
榨菜丝	150克	盐	1克
彩椒	100克	味精	2克
红椒丝	20克	水淀粉	适量
蒜末	5克	食用油	适量

❶ 将洗净的彩椒切成丝。

❷ 热锅注入少许油，随即倒入蒜末炸香。

❸ 倒入彩椒炒香。

❹ 倒入榨菜丝炒匀。

❺ 倒入红椒丝拌炒片刻。

❻ 加入少许盐、味精炒匀。

❼ 用水淀粉勾薄芡。

❽ 拌炒均匀。

❾ 盛入盘中即成。

制作指导

✪ 彩椒是甜椒中的一种，因其色彩鲜艳而得名，在生物上属于杂交植物。彩椒富含维生素 C 及微量元素，不仅可改善黑斑及雀斑，还有消暑、补血、消除疲劳、预防感冒和促进血液循环的作用。

✪ 彩椒可以生吃，食用前先对半切开，去蒂、去籽，洗净即可食用。如果要加热，最好用大火快炒，以保持口感清脆和营养成分。

✪ 新鲜的彩椒大小均匀，色泽鲜亮，闻起来具有瓜果的香味。劣质的彩椒大小不一，色泽较为暗淡，没有香味。

养生常识

★ 彩椒中的椒类碱能够促进脂肪的新陈代谢，防止体内脂肪积存，从而达到减肥防病的效果。

食物相宜

美容养颜

彩椒

＋

苦瓜

促进肠胃蠕动

彩椒

＋

紫甘蓝

香炒蕨菜

🕐 2分钟	✖ 开胃消食
🔺 辣	☺ 孕产妇

　　蕨菜曾是古时市井间难得一见的山珍，古人将采食蕨菜视为清高隐逸之风。现在蕨菜已广泛栽培，人们取食蕨菜的幼嫩芽叶和茎干，纯纯的自然风尽在满口的软嫩脆爽之间。

材料

蕨菜	300 克
蒜苗段	30 克
干辣椒	10 克
蒜末	5 克
葱白	5 克

调料

盐	4 克
味精	1 克
蚝油	3 毫升
水淀粉	适量
食用油	适量

❶ 把洗净的蕨菜切成段。

❷ 锅中注水，烧开后加入适量盐，再倒入蕨菜。

❸ 煮约 2 分钟至入味后，捞出蕨菜。

做法演示

❶ 热锅注油，放入蒜末、葱白和洗好的干辣椒爆香。

❷ 倒入蕨菜、蒜苗炒匀。

❸ 加入盐、味精、蚝油翻炒片刻。

❹ 加入少许水淀粉勾芡。

❺ 将勾芡后的菜炒均匀。

❻ 盛入盘种即可。

制作指导

☺ 蕨菜可晒干菜，制作时用沸水烫后晒干即成。吃时用温水泡发，再烹制成各种美味菜肴。

☺ 鲜蕨菜在食用前应先在沸水中浸烫一下后过凉，以清除其表面的黏质和土腥味。

☺ 炒食蕨菜时，配以鸡蛋、肉类，味道更丰富、鲜美。

食物相宜

开胃消食

蕨菜

+

猪肉

养生常识

★ 蕨菜素对细菌有一定的抑制作用，可用于发热不退、肠风热毒、湿疹、疮疡等病症，具有良好的清热解毒、杀菌消炎的作用。

★ 蕨菜的某些有效成分能扩张血管，降低血压。

陈皮牛肉

🕐 4 分钟　　✖ 增强免疫力
🌡 辣　　　　☺ 一般人群

　　牛肉味道鲜美，但肉质柔韧、不易熟烂，蜀地人流传的这种烹饪方法可以将牛肉的色、香、味提升到极致——红亮的色泽、浓郁的陈皮香气以及香辣回甜的味觉体验，放入的少许山楂、陈皮或茶叶更能让牛肉熟烂、口感酥软，不容错过。

材料

牛肉	350 克
陈皮	20 克
蒜苗段	50 克
红椒片	25 克
姜片	5 克
蒜末	5 克
葱白	5 克

调料

盐	3 克
味精	1 克
淀粉	适量
生抽	3 毫升
蚝油	3 毫升
白糖	2 克
料酒	5 毫升
辣椒酱	适量
水淀粉	适量
食用油	30 毫升

食材处理

① 将洗净的牛肉切成片。

② 肉片加入盐、味精、淀粉、生抽拌匀。

③ 加入少许食用油，腌渍约 10 分钟。

做法演示

① 热锅注油，烧至五成热，放入牛肉片拌炒匀。

② 滑油片刻后捞出，备用。

③ 锅留底油，倒入姜片、蒜末、葱白，爆香。

④ 倒入陈皮、红椒、蒜梗，炒香。

⑤ 倒入牛肉片，加入盐、蚝油、味精、白糖。

⑥ 放入料酒、辣椒酱，翻炒约 1 分钟至入味。

⑦ 加入少许水淀粉勾芡。

⑧ 撒上蒜苗叶，淋入少许熟油炒均匀。

⑨ 装盘即可。

食物相宜

保护胃黏膜

牛肉

土豆

延缓衰老

牛肉

鸡蛋

制作指导

- ✪ 新鲜牛肉有光泽，肌肉呈均匀的红色；肉的表面微干或湿润，不黏手。
- ✪ 牛肉不易熟烂，烹饪时放少许山楂、橘皮或茶叶有利于熟烂。

第 **4** 章

无鲜不食

"羊大为美，鱼羊为鲜"的说法千古流传，中国人携带着优秀的美食基因，对于鲜味似乎有着锲而不舍的追求。现如今人们已发现越来越多的鲜味食材，加以烹饪制出至鲜、至美的菜品。我们在尝鲜的道路上不分先后、贵贱，要的就是敢为天下"鲜"！

客家酿豆腐

⏱ 5分钟　　✂ 清热解毒
🌡 清淡　　😊 一般人群

　　酿菜是一种独具创意的传统烹饪菜式，即在主料中塞入其他原料，再加热成菜，融合了两种以上的原料，故口感丰富。客家人常在节日或有贵客登门时，烹制酿豆腐——在豆腐上挖一小孔，填入馅料煎熟，吃起来汤汁浓醇、鲜嫩滑润、咸鲜爽口。

材料		调料	
豆腐	500 克	水淀粉	10 毫升
五花肉	100 克	盐	4 克
水发香菇	20 克	鸡精	3 克
葱白	3 克	蚝油	3 毫升
葱花	3 克	生抽	3 毫升
		淀粉	适量
		胡椒粉	适量
		香油	适量
		食用油	适量

食材处理

❶ 将洗净的豆腐切成长方形块。

❷ 香菇切碎，剁成末；葱白切碎，剁成末。

❸ 洗净的五花肉切碎，剁成肉末。

做法演示

❶ 用小勺在豆腐上挖出小孔。

❷ 撒上少许盐。

❸ 肉末加盐、生抽、鸡精、葱末和香菇拌匀，甩打上劲。

❹ 加少许淀粉、香油拌匀，制成肉馅。

❺ 将肉馅依次填入豆腐块中。

❻ 用油起锅，放入豆腐块，肉馅朝下煎熟。

❼ 将肉馅煎至呈金黄色，翻面，煎香。

❽ 加约70毫升清水。

❾ 加入鸡精、盐、生抽、蚝油。

❿ 撒入胡椒粉炒匀调味。

⓫ 小火煮约1分钟至入味。

⓬ 豆腐盛出装盘。

⓭ 原汤加水淀粉勾芡，加少许熟油调汁。

⓮ 将浓汁淋在豆腐块上。

⓯ 撒上葱花即可。

食物相宜

润肺止咳

豆腐

姜

健脾养胃

豆腐

西红柿

黑椒口蘑西蓝花

🕐 4分钟　　✂ 增强免疫力
⚖ 鲜　　　　☺ 女性

对于喜食清鲜的人来说，口蘑和西蓝花都是鲜美可口的上佳食材，将这些鲜嫩的食材通过焯水来保持其色、香、味，同时加入少许盐以减少蔬菜中可溶性营养成分的流失。加上素有"西餐餐桌之王"之称的黑胡椒的鼎力协助，满口清鲜脆嫩，吃起来令人神清气爽。

材料

口蘑	100克
西蓝花	300克
黑胡椒	5克
红椒丝	20克

调料

盐	3克
白糖	2克
香油	适量
水淀粉	适量
食用油	适量

❶ 将洗净的口蘑切成片。

❷ 将洗净的西蓝花切成朵。

做法演示

❶ 锅中加入适量的清水，放入盐。

❷ 加入少许食用油。

❸ 大火煮至水沸。

❹ 将口蘑倒入锅中。

❺ 放入西蓝花拌匀。

❻ 将口蘑和西蓝花焯熟后捞出。

❼ 起油锅，倒入黑胡椒炸香。

❽ 加少许清水煮沸，加盐。

❾ 放入白糖调匀。

❿ 倒入焯熟的西蓝花和口蘑。

⓫ 将西蓝花和口蘑翻炒均匀。

⓬ 撒入红椒丝。

⓭ 加少许水淀粉勾芡，加香油拌匀。

⓮ 出锅摆盘即成。

食物相宜

防治肝炎

口蘑

+

鹌鹑蛋

补中益气

口蘑

+

鸡肉

养生常识

★ 市场上有一种泡在液体中的袋装口蘑，食用前一定要多漂洗几遍，以去掉某些化学物质。

★ 口蘑宜配肉菜食用，制作菜肴不用放味精或鸡精。

★ 西蓝花用保鲜膜封好，置于冰箱中可保存 1 周左右。

香菇烧土豆

⏱ 14分钟　　✖ 开胃消食
⚖ 鲜　　　　☺ 儿童

　　有时在喧闹的城市中生活久了，就渴望亲近自然，蓝蓝的天空，遥远的地平线，新鲜的食物，都让人沉醉其中。这道菜中两种主料都出自山野，香菇肉质厚实、香气宜人，过油后的土豆更是格外香浓，以小火焖至软烂、入味，热气腾腾中裹着鲜香味儿，瞬间会让你吃到忘乎所以。

材料		调料	
土豆	300克	盐	3克
鲜香菇	30克	水淀粉	10毫升
姜片	5克	鸡精	2克
蒜末	5克	蚝油	4毫升
葱段	3克	生抽	3毫升
葱叶	3克	老抽	2毫升
		料酒	3毫升
		食用油	适量

❶ 将去皮洗净的土豆切成块。

❷ 将洗净的香菇切成小块。

做法演示

❶ 热锅注油，烧至五成热时，倒入土豆，搅散。

❷ 炸约 2 分钟呈金黄色时，捞出沥油。

❸ 锅底留油，倒入姜片、蒜末、葱段爆香。

❹ 倒入香菇炒匀，再加入料酒炒香。

❺ 倒入土豆炒匀。

❻ 倒入约 200 毫升清水。

❼ 加入盐、鸡精、蚝油、老抽、生抽。

❽ 炒匀调味。

❾ 加盖，小火焖约10 分钟至熟软。

❿ 揭盖，放入葱叶，加入少许水淀粉。

⓫ 快速拌炒均匀。

⓬ 最后盛出装盘即可食用。

食物相宜

健脾开胃

土豆

＋

辣椒

可缓解胃部疼痛

土豆

＋

蜂蜜

洋葱炒黄豆芽

- 🕐 3分钟
- 🧂 清淡
- ✂ 降低血脂
- 😊 高脂血症患者

　　烹饪是一种创作，它借助美食在味觉、嗅觉、口感，以及视觉上给人赏心悦目的享受，激发人的食欲，用一道菜的时间俘获你的心。这道菜通过急速快炒最大限度地保留了食材的嫩度和营养，脆嫩鲜香、口感丰富，咀嚼时似乎将早春的气息咬在嘴里，可以嚼出甜甜又有些微辣的汁液来。

材料		调料	
黄豆芽	120 克	盐	2 克
洋葱	100 克	味精	1 克
胡萝卜丝	20 克	水淀粉	适量
葱段	5 克	食用油	适量

食材处理

❶ 将洗好的洋葱切成丝。

❷ 锅中倒入清水，加入盐，放入胡萝卜丝。

❸ 煮沸后，捞出胡萝卜丝。

做法演示

❶ 热锅注油，倒入洗好的黄豆芽、洋葱丝。

❷ 倒入胡萝卜丝。

❸ 加盐、味精拌炒均匀。

❹ 加入少许水淀粉勾芡。

❺ 撒入葱段拌炒均匀。

❻ 盛入盘中即可。

制作指导

✪ 烹调黄豆芽时，要用油急速快炒，或用沸水略煮后立刻取出调味食用。

✪ 有的豆芽看起来肥胖鲜嫩，但有一股难闻的尿素味，甚至可能含有激素，千万不要食用。

✪ 黄豆芽不宜保存，建议现买现食。

✪ 要选择个体饱满、新鲜的黄豆芽食用。

✪ 黄豆在发芽过程中，更多的营养元素被释放出来，营养更胜一筹。

食物相宜

增强免疫力

洋葱

苦瓜

延缓衰老

洋葱

鸡肉

香椿炒银芽

- ⏰ 3分钟
- 🍲 鲜
- ✖️ 清热解毒
- ☺️ 一般人群

　　早春时节，香椿树上的头茬椿芽鲜香肥嫩，是古人宴请宾客的名贵佳肴，更被奉为皇室贡品，与岭南荔枝齐名。这道香椿炒银芽将幼嫩的香椿与绿豆芽快速清炒，不施刻意的调味反而更能突出香椿特有的清香味儿，清鲜爽口，让人食欲大开。

材料		调料	
香椿	150克	盐	3克
绿豆芽	100克	鸡精	3克
蒜末	5克	食用油	适量
红椒丝	20克		

❶ 洗净的香椿取嫩茎、嫩叶。

❷ 用油起锅，倒入蒜末、红椒丝爆香。

❸ 倒入切好的香椿。

❹ 加入洗净的绿豆芽炒至熟软。

❺ 加盐、鸡精炒匀调味，翻炒片刻至熟透。

❻ 盛出装盘即可。

制作指导

- ✪ 烹饪香椿之前，最好用开水烫一下，以避免亚硝酸盐中毒。烹饪中除了盐以外，最好不加其他调料，这样可以品尝到香椿特有的香味。

- ✪ 香椿芽以谷雨前采摘的为佳，应吃早、吃鲜、吃嫩。

- ✪ 香椿应防水、忌晒，置阴凉通风处，可短储 1~2 天。

- ✪ 香椿树通常清明前后开始萌芽，早春大量上市。香椿头因品质不同，可分为红芽和青芽两种。红芽红褐色，质好，香味浓，是供食用的重要品种；青芽青绿色，质粗，香味差。

- ✪ 香椿具有清热利湿、利尿解毒的作用，可辅助治疗肠炎、痢疾、泌尿系统感染等疾病。它含有维生素 E 和性激素类物质，能抗衰老和补阳滋阴，对不孕不育症有一定疗效，故有"助孕素"的美称。香椿含有楝素，挥发气味能透过蛔虫的表皮，使蛔虫不能附着在肠壁上而被排出体外。

养生常识

- ★ 香椿为发物，多食易诱使痼疾复发，慢性疾病患者应少食。

- ★ 过老的香椿不宜入菜，其口味、营养会很差。

- ★ 香椿是时令名品，含香椿素等芳香族挥发性有机物，可健脾开胃、增加食欲。

通乳汁，美白润肤

绿豆芽

+

鲫鱼

排毒利尿

绿豆芽

+

陈皮

预防心血管疾病

绿豆芽

+

鸡肉

木耳扒上海青

🕐 4分钟　　✂ 降低血脂
🔺 清淡　　☺ 老年人

　　江南美食讲究的是清鲜、秀美，能将一些最寻常不过的小菜烹制得津津有味。清鲜肥美的上海青是当地所产的小白菜品种，以热油翻炒，口感脆嫩，又略带一点儿甜味，再配以有着"素中之荤"美誉的黑木耳，将清爽与柔嫩汇聚一盘，汤汁鲜美，口味绝佳。

材料

上海青	150 克
水发黑木耳	100 克
葱段	5 克
姜片	5 克
胡萝卜片	20 克

调料

盐	3 克
鸡精	2 克
味精	2 克
料酒	3 毫升
蚝油	3 毫升
水淀粉	适量
淀粉	适量
食用油	适量

❶ 将洗净的黑木耳切成朵。

❷ 洗好的上海青对半切开，去叶留梗。

❸ 锅中倒入适量清水，加少许淀粉烧开。

❹ 倒入切好的黑木耳。

❺ 焯约 1 分钟至熟后捞出。

做法演示

❶ 另起锅，注油烧热，倒入上海青翻炒约 1 分钟。

❷ 加料酒、盐、味精炒匀调味。

❸ 捞出上海青，摆入盘中。

❹ 热锅注油，倒入葱段、姜片、胡萝卜片炒香。

❺ 倒入焯熟的黑木耳翻炒熟。

❻ 加盐、鸡精、味精、料酒、蚝油调味。

❼ 倒入少许水淀粉勾芡。

❽ 加入葱段快速翻炒均匀。

❾ 起锅，盛入盘中即可。

食物相宜

润喉止咳

黑木耳

+

白菜

减肥

黑木耳

+

黄瓜

辅助治疗痛经

黑木耳

+

橘子

黄花菜炒木耳

🕐 4分钟　　✖ 提神健脑

🗻 清淡　　☺ 儿童

　　黄花菜，又称"忘忧草"，古人常辟园种植观赏以排忧解愁，人们取其含苞待放的花蕾，经充分干制加工而成一种美味的食材。这道黄花菜炒木耳口感上彼此协调，金黄色与黑褐色交错在一起，鲜香美味，辨不出的层层鲜味在不经意间汹涌而至。

材料

黄花菜	100克
黑木耳	100克
葱段	10克
姜片	5克
蒜末	5克
红椒片	20克
葱白	5克

调料

盐	2克
味精	1克
鸡精	2克
蚝油	3毫升
料酒	3毫升
水淀粉	适量
食用油	适量

食材处理

❶ 将泡发洗好的黄花菜择去蒂结。

❷ 将洗好的黑木耳切成小块。

❸ 锅中注水烧开，加盐、食用油，倒入黑木耳略煮。

❹ 加入黄花菜。

❺ 煮沸后捞出。

做法演示

❶ 另起油锅，放入蒜末、姜片、红椒片、葱白爆香。

❷ 倒入黑木耳、黄花菜翻炒均匀。

❸ 加料酒、盐、味精、鸡精、蚝油炒至入味。

❹ 加入少许水淀粉勾芡。

❺ 撒入葱段，淋入熟油拌匀。

❻ 将菜盛入盘内即可。

制作指导

✿ 黑木耳宜选用色泽黑褐、质地柔软者。

✿ 干黑木耳烹调前宜用温水泡发，泡发后仍然紧缩在一起的部分不宜吃。

食物相宜

补血

黑木耳

＋

红枣

提高免疫力

黑木耳

＋

银耳

降低血糖

黑木耳

＋

芦荟

菠萝炒苦瓜

⏱ 3分钟　　✖ 瘦身排毒
⚖ 苦　　　　☺ 一般人群

烹饪没有疆域，食味更没有界限，有的只是烹饪者的功力与那一刻智慧的灵光闪现。香甜的菠萝，清苦的苦瓜，一种看似顽皮的搭配，却能让人领略其中的新奇与不同。两种各走极端的味道彼此交叉，又相互交融，清鲜爽口，果香甜润，即便一个不喜欢苦瓜的人，也可以肆无忌惮地下箸。

材料			调料	
苦瓜	300 克		盐	3 克
菠萝肉	150 克		味精	1 克
红椒片	20 克		淀粉	适量
蒜末	5 克		白糖	2 克
			蚝油	3 毫升
			水淀粉	适量
			熟油	适量
			食用油	适量

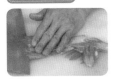

❶ 苦瓜洗净去除瓤籽，切成片；将菠萝肉切片。

❷ 锅中加清水烧开，加淀粉拌匀后，倒入苦瓜。

❸ 煮沸，捞出苦瓜。

做法演示

❶ 锅置大火，注油烧热，倒入红椒片、蒜末爆香。

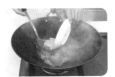

❷ 倒入苦瓜、菠萝炒约1分钟至熟。

❸ 加入盐、味精、白糖、蚝油调味。

❹ 加入少许水淀粉勾芡。

❺ 淋入少许熟油拌均匀。

❻ 盛入盘内即可。

制作指导

✿ 菠萝去皮洗净后，应放入淡盐水中浸泡半小时后再食用。

✿ 菠萝要选择饱满、着色均匀、闻起来有清香的果实。可用手指弹击果实，回声重的品质较佳。

✿ 菠萝放入冰箱中可保存1周，阴凉通风处可保存3～5天。

✿ 菠萝蛋白酶能溶解纤维蛋白和酪蛋白，消化道溃疡、严重肝、肾病等患者忌食，对菠萝过敏者慎食。

食物相宜

延缓衰老

苦瓜

＋

茄子

促进铁元素的吸收

苦瓜

＋

瘦肉

油焖春笋

⏱ 5分钟　　✖ 开胃消食

🧂 清淡　　😊 一般人群

　　春天万物复苏，蛰伏了整个冬天的人们一定要品尝至鲜、至美的食物来犒赏自己。清明节前后出土的幼嫩春笋细嫩鲜香、口感爽脆，以油浸润，再以焖煮的方式不断加热，使食材酥软入味，更能保留少量汤汁。洁白如玉的笋肉之间，几点青翠、娇红，不知又会诱惑你吃掉几碗米饭。

材料		调料	
春笋	350克	盐	3克
青蒜苗段	120克	味精	2克
红椒片	20克	白糖	2克
		蚝油	3毫升
		水淀粉	适量
		熟油	适量
		食用油	适量

❶ 将已去皮洗净的春
笋切块。

❷ 锅中注入清水，烧
开后加入盐、味精，
倒入春笋。

❸ 煮沸后，捞出春笋。

做法演示

❶ 油锅烧热，倒入青
蒜苗段、红椒片略炒。

❷ 倒入春笋翻炒均匀。

❸ 加入盐、味精、白
糖、蚝油炒匀，焖煮
片刻。

❹ 倒入少许水淀粉
勾芡。

❺ 淋入熟油炒均匀。

❻ 盛入盘内即成。

制作指导

✿ 选购春笋首先看色泽，黄白色或棕黄色且具有光泽的为上品。

✿ 春笋适宜在低温条件下保存，但不宜保存过久，否则质地变老会影
响口感，建议保存1周左右。

✿ 春笋可烧、炒、煮、炖、炸，可荤可素，故有"荤素百搭"的美誉。
春笋质地细嫩，不宜炒制过老，否则影响口感。

食物相宜

治疗肺热痰火

竹笋

莴笋

治疗咽喉疼痛

竹笋

＋

枸杞子

泥蒿炒干丝

⏰ 2分钟　　✂ 保肝护肾
🧂 鲜　　　　☺ 一般人群

　　泥蒿是一种春天可以食用的鲜美食材，这种古时多采自水畔、沼泽中的野生植物纤细脆嫩，带有淡雅的清香。苏东坡在诗句"蒌蒿满地芦芽短，正是河豚欲上时"中写到的蒌蒿正是此物。当纤细的嫩茎在齿间发出清脆的声音，鲜爽的汁液润泽口中，就着柔韧鲜咸的香干，也是一种奇妙的享受。

材料

泥蒿	150克
豆腐干	100克
红椒	15克
姜片	5克
蒜末	5克
葱白	5克

调料

盐	3克
味精	2克
生抽	5毫升
水淀粉	适量
食用油	适量

 ❶ 豆腐干洗净，切丝。

 ❷ 将洗净的泥蒿切成段。

 ❸ 把洗净的红椒对半切开，去籽，切丝。

做法演示

 ❶ 热锅注油，烧至四成热，倒入豆干丝。

 ❷ 豆干丝滑油片刻后捞出。

 ❸ 锅留底油，倒入姜片、蒜末、葱白爆香。

 ❹ 倒入豆干丝翻炒。

 ❺ 加入生抽。

 ❻ 倒入味精、盐炒约1分钟至入味。

 ❼ 倒入泥蒿、红椒丝拌炒均匀。

 ❽ 加入少许盐拌炒均匀。

 ❾ 加入少许水淀粉勾芡。

 ❿ 在锅中快速拌炒均匀。

 ⓫ 将炒好的菜肴盛入盘中即可。

食物相宜

补钙

豆腐

鱼

防治便秘

豆腐

韭菜

西红柿烧茄子

🕐 3分钟	✕ 美容养颜
🔺 鲜	☺ 女性

　　如果你是一个十足的吃货，同时又懒得不行，那么这道西红柿烧茄子绝对就是专门为你准备的菜。它的选材很大众，酸酸甜甜的，鲜咸适口，浓浓的香味儿飘出去很远，非常开胃下饭。最关键的是它做法简单，就是一个字——快，在厨房里花上几分钟就能上菜。

材料		调料	
西红柿	80克	盐	2克
茄子	100克	味精	1克
葱	10克	生抽	3毫升
		水淀粉	适量
		香油	适量
		食用油	适量

食材处理

❶ 茄子洗净去皮，切滚刀块。

❷ 西红柿洗净切块；葱洗净切段。

❸ 油锅烧至五六成热，倒入茄子炸约1分钟捞出。

做法演示

❶ 锅留底油，放入葱白煸香。

❷ 加少许清水、生抽和盐、味精调味，再倒入茄子同炒。

❸ 倒入西红柿拌炒至熟。

❹ 加少许水淀粉、香油勾芡。

❺ 撒入葱叶。

❻ 盛出装盘即成。

制作指导

✿ 新鲜的茄子为深紫色，有光泽，柄未干枯，粗细均匀，无斑。

✿ 茄子用保鲜膜封好置于冰箱中，可保存1周左右。

✿ 茄子多用于炒、烧、拌、酿，也可做馅。茄子切开后应放入盐水中浸泡，可使其不被氧化，保持茄子的本色。

✿ 孕妇在选择茄子的时候，应选择新鲜茄子。最好不要选择老茄子，特别是秋后的老茄子，其含有较多茄碱，对人体有害，不宜多吃。

养生常识

★ 肺结核、关节炎患者忌食茄子。

★ 茄子性凉，体弱胃寒的人忌食。

食物相宜

清心明目

茄子

苦瓜

预防心血管疾病

茄子

羊肉

通气顺肠

茄子

黄豆

胡萝卜炒猪肝

🕐 3分钟　　🍴 益气补血

🧂 鲜　　😊 儿童

　　夜幕降临，饥肠辘辘的电脑一族们习惯在公司附近光影晃动的街边小店打打牙祭。这样吃不仅要能满足肠胃，也要营养补益、食之有味。胡萝卜炒猪肝借助余法让猪肝在沸水中快速加热，口感细嫩、鲜美，滋味咸鲜，绝对可以让他们眼睛一亮。

材料

胡萝卜	150克
猪肝	200克
青椒片	15克
红椒片	15克
蒜末	3克
葱白	3克
姜末	5克

调料

盐	5克
味精	2克
水淀粉	10毫升
生粉	3克
鸡精	2克
料酒	3毫升
蚝油	3毫升
热油	适量
食用油	适量

食材处理

❶ 把去皮洗净的胡萝卜切成片。

❷ 把洗净的猪肝切成片。

❸ 猪肝加少许盐、味精、料酒、生粉拌匀。

❹ 加少许食用油，腌渍约10分钟。

❺ 锅中加清水烧开，加适量盐。

❻ 倒入胡萝卜，加少许食用油。

❼ 煮沸后捞出。

❽ 倒入猪肝。

❾ 余片刻捞出。

做法演示

❶ 起油锅,倒入姜末、蒜末、青椒、红椒、葱白爆香。

❷ 放入猪肝、料酒，炒匀，倒入胡萝卜。

❸ 加盐、味精、鸡精、蚝油炒匀。

❹ 加水淀粉勾芡。

❺ 加少许熟油炒均匀。

❻ 盛入盘中即可。

食物相宜

开胃

青椒

鳝鱼

美容养颜

青椒

苦瓜

番茄牛腩

⏰ 4分钟	✂ 增强免疫力		
🔺 鲜	😊 男性		

　　在天气渐凉的日子，人们喜欢吃一些能开胃、果腹的温暖食物，一阵风卷残云之后，会觉得肚子里面有一种暖暖的充实感，心情也随之大好。细嫩的牛腩搭配鲜美的西红柿，色泽红艳，香气浓郁，酸甜开胃的汤汁也可以用来拌饭，是一道可以让你吃到汤都不剩的大菜。

材料

西红柿	200克
熟牛腩	250克
姜丝	5克
蒜末	5克
葱白	3克
葱花	3克

调料

盐	3克
料酒	3毫升
番茄酱	适量
生抽	5毫升
白糖	2克
水淀粉	适量
香油	适量
食用油	适量
熟油	适量

食材处理

❶ 将洗净的西红柿切成块。

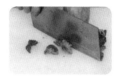

❷ 熟牛腩切块。

做法演示

❶ 锅中注油烧热，放入姜丝、蒜末、葱白爆香。

❷ 倒入牛腩炒匀。

❸ 淋入料酒和生抽炒香，达到去除腥味的目的。

❹ 加入西红柿块翻炒均匀。

❺ 倒入番茄酱。

❻ 加入盐、白糖。

❼ 炒至入味。

❽ 注入少许清水，煮片刻至入味。

❾ 加入少许水淀粉勾芡。

❿ 加入少许熟油、香油炒匀。

⓫ 将做好的菜盛入盘内，撒上葱花即可。

食物相宜

补血养颜

西红柿

➕

蜂蜜

降压、健胃消食

西红柿

➕

芹菜

葱爆羊肉

🕐 3分钟　　🍴 补肾壮阳

🧂 鲜　　😊 男性

　　身在江南的吃货们每每记挂着北方，那里浓油重味、分量十足的菜式中常会见到一种顶极鲜美的食材，那就是羊肉。葱爆羊肉属于地道的北京菜，尤以回民餐馆最为正宗，以爆炒保留了羊肉的鲜嫩品质，肉香味美，不膻不腻，略带一点葱香味儿，是秋冬时节进补的绝佳之选。

材料

羊肉	300克
大葱	50克
红椒	20克
姜片	5克
蒜末	5克
葱白	5克

调料

盐	3克
味精	1克
辣椒酱	适量
生抽	3毫升
淀粉	适量
水淀粉	适量
食用油	适量

食材处理

❶ 将洗好的红椒切开，改切成片。

❷ 将洗净的大葱切成段。

❸ 洗净的羊肉切成片，装入碗中备用。

❹ 加盐、味精、生抽、淀粉、食用油腌渍约10分钟。

❺ 油锅烧至四成热，倒入羊肉，滑油约1分钟。

❻ 捞出沥油，装盘备用。

做法演示

❶ 锅留底油，倒入姜片、蒜末、葱白爆香。

❷ 倒入大葱、红椒，炒香。

❸ 倒入滑好油的羊肉。

❹ 加入盐、味精、辣椒酱、生抽。

❺ 翻炒约1分钟至羊肉熟透。

❻ 加入少许水淀粉勾芡。

❼ 淋入少许熟油，拌炒均匀。

❽ 盛入摆着洋葱圈、黄瓜片（均材料外）的盘中即可。

食物相宜

和胃安神

大葱

+

红枣

益气养血、醒神

大葱

+

糯米

养生常识

★ 暑热天或发热患者慎食羊肉。

★ 手脚冰凉、脸色苍白、想要增肥者可以多吃点羊肉。

芋头焖鹅

- 🕐 9分钟
- ⚒ 保肝护肾
- ⚖ 鲜
- ☺ 男性

　　鲜鱼、嫩鸡、肥鹅都曾是古人餐桌上的至美食材，鹅有家雁之名，甚至被看作是招待上宾的主菜。"北烤鸭，南烧鹅"，可见各地人们对吃鹅都有着无法割舍的情结。这道芋头焖鹅注重入味，最大限度地突出鹅肉的嫩滑鲜香，芋头甜糯可口，令人回味无穷。

材料		调料	
鹅肉	600克	盐	3克
小芋头	150克	水淀粉	10毫升
蒜苗段	10克	料酒	3毫升
姜片	5克	蚝油	3毫升
蒜末	5克	味精	1克
葱白	5克	鸡精	2克
		食用油	适量

食材处理

❶ 将洗净的鹅肉斩成小块。

❷ 油锅烧至四成热，倒入去皮、洗净的小芋头。

❸ 拌匀，炸约2分钟至熟；将炸好的芋头捞出。

做法演示

❶ 锅底留油，倒入鹅肉，拌炒约1分钟至断生。

❷ 倒入姜片、蒜末、葱白，炒香。

❸ 淋入少许料酒，拌炒均匀。

❹ 倒入小芋头，加适量清水，炒匀。

❺ 加蚝油、盐、味精、鸡精调味，焖煮约2分钟。

❻ 加少许清水，盖上盖，焖煮约3分钟。

❼ 揭盖，加少许水淀粉勾芡。

❽ 撒入蒜苗，拌炒均匀。

❾ 盛出装盘即可。

食物相宜

补血养颜

芋头

＋

红枣

补气，增食欲

芋头

＋

芹菜

制作指导

✪ 挑选肉色鲜红、血水不会渗出太多的鹅肉才新鲜。最好是选择白鹅的肉，以翼下肉厚、尾部肉多而柔软、表皮光泽的为佳。

养生常识

★ 肥胖症患者、心脑血管病患者宜多食。

★ 糖尿病患者、腹胀者不宜多食。

家常鲈鱼

⏲ 5分钟　✖ 保肝护肾
🔖 鲜　　　☺ 一般人群

　　对鲈鱼的最初印象来自于范仲淹的那句"江上往来人，但爱鲈鱼美"。鲈鱼位列中国四大名鱼之一，便足以说明它在餐桌上的价值。鲈鱼肉质白嫩、清香，呈蒜瓣形，多以蒸食为主，因为恐怕任何调味都不及它自身的鲜美，少刺也是人们爱上它的原因之一。

材料		调料	
鲈鱼	500克	料酒	5毫升
红椒片	20克	盐	3克
姜丝	5克	淀粉	适量
葱段	5克	味精	1克
葱白	5克	胡椒粉	1克
		葱油	适量
		食用油	适量

食材处理

❶ 将处理干净的鲈鱼打上花刀，加料酒、盐、淀粉抹匀。

❷ 油锅烧至六七成热，放入鲈鱼炸约 2 分钟至熟。

❸ 捞出炸好的鲈鱼，装入盘中备用。

做法演示

❶ 锅留底油，倒入姜丝、葱白煸香。

❷ 倒入适量清水，放入鲈鱼，加入料酒。

❸ 加盖，焖约 2 分钟至入味。

❹ 揭盖，加入盐、味精调味。

❺ 放入红椒片，撒上胡椒粉。

❻ 撒入葱段。

❼ 淋入葱油拌匀。

❽ 出锅盛入盘中即可。

食物相宜

预防感冒

鲈鱼

南瓜

延缓衰老

鲈鱼

胡萝卜

制作指导

☯ 如果是蒸制鲈鱼，时间要根据鱼的大小适当调整，总体控制在 10 ~ 15 分钟（上汽后计算）。

☯ 鲈鱼在腌渍时加入柠檬汁，可以去腥提鲜。

养生常识

★ 鲈鱼适宜贫血头晕、妇女妊娠水肿、胎动不安之人食用。

★ 患有皮肤病疮肿者忌食鲈鱼。

红烧池鱼

⏱ 5分钟　　✗ 增强免疫力
🗂 鲜　　　　☺ 一般人群

　　潮州菜以选料考究、烹制精细、尤擅海鲜而饮誉大江南北。潮州人精心挑选新鲜的池鱼，这种鱼肉厚刺少，过油炸透后鱼皮香脆，肉质细嫩而有嚼头，吃起来满口皆香；再以丰富的调味料烧煮入味，外酥里嫩，滋味咸鲜，堪称一绝。

材料	
池鱼	180克
姜丝	5克
香菇丝	10克
蒜末	5克
葱段	5克

调料	
盐	3克
味精	1克
白糖	2克
蚝油	3毫升
生抽	5毫升
老抽	3毫升
高汤	适量
淀粉	适量
水淀粉	适量
料酒	5毫升
食用油	适量

❶ 将宰好洗净的池鱼装盘，加盐、味精、料酒、生抽腌渍。

❷ 腌好的池鱼撒上淀粉，抹匀。

❸ 将池鱼放入热油锅中，转中火。

❹ 炸约1分钟后将池鱼翻面，继续炸约1分钟至熟透。

❺ 捞出炸熟的池鱼。

做法演示

❶ 锅留底油，倒入姜丝、香菇丝、蒜末一起爆香。

❷ 倒入少许高汤。

❸ 加盐、味精、生抽、白糖、蚝油、老抽拌煮至沸。

❹ 放入池鱼，烧煮约2分钟至入味。

❺ 将煮好的池鱼盛出备用，汤汁留锅底。

❻ 在汤汁中加水淀粉调匀。

❼ 淋入少许熟油。

❽ 撒入葱段，制成芡汁。

❾ 将芡汁浇在池鱼上即成。

食物相宜

清热和胃 润燥生津

姜

+

甘蔗

有降火的作用

姜

+

鸭肉

有利于胃肠

姜

+

藕

雪菜黄鱼

🕐 13 分钟   ✂ 开胃消食

🧂 鲜   ☺ 一般人群

　　秋季的市场上常可见雪菜的身影，浙江宁波人将这种菜腌渍起来，常备家中食用，其脆嫩爽口，消食开胃。用它来烹制肉嫩味鲜的大黄鱼，色泽金黄，呈蒜瓣状的鱼肉蘸着汤汁，带有浓郁的鲜香味儿，古来有"琐碎金鳞软玉膏"之赞。

材料		调料	
黄鱼	500 克	盐	3 克
雪菜	150 克	鸡精	1 克
青椒圈	20 克	水淀粉	适量
红椒圈	20 克	食用油	适量
姜片	5 克		
蒜末	5 克		
葱段	5 克		

❶ 黄鱼宰杀洗净，撒上盐抹匀。

❷ 锅中放油烧热，放入黄鱼，煎至两面呈金黄色。

❸ 然后盛出煎好的黄鱼沥油。

做法演示

❶ 锅底留油，倒入姜片、蒜末爆香。

❷ 倒入雪菜，炒匀。

❸ 加入适量清水，煮开。

❹ 在锅中放入煎好的黄鱼。

❺ 加入盐、鸡精。

❻ 烧煮 7 ~ 8 分钟至入味。

❼ 盛出煮好的黄鱼。

❽ 原锅中倒入青红椒圈，炒匀。

❾ 加少许水淀粉勾芡。

❿ 撒入少许葱段拌均匀。

⓫ 将汤汁浇在鱼身上即成。

食物相宜

对大肠癌有食疗作用

黄鱼

+

乌梅

开胃消食

黄鱼

+

雪里蕻

养生常识

★ 贫血、头晕及久病体弱者更宜经常食用黄鱼。

★ 体胖虚热者不可多食黄鱼，否则易发疮疱。

爆炒生鱼片

- 🕐 3分钟
- ⊗ 保肝护肾
- 🥛 鲜
- 😊 老年人

　　生鱼，也叫黑鱼，在水中游动迅速，常以同水域的其他小鱼、小虾为食其肉质细嫩，味道鲜美，是资深食客餐桌上梦寐以求的大餐。这道爆炒生鱼片利用滑炒充分保留了鱼肉的细嫩口感，肉质紧实，松而不散，飘在空气中的鲜香味儿让人食欲大开。

材料		调料	
生鱼	550克	盐	3克
青椒	15克	味精	1克
红椒	15克	水淀粉	少许
葱	10克	白糖	2克
生姜	15克	料酒	5毫升
大蒜	5克	辣椒酱	少许
		食用油	适量

❶ 将宰杀好的生鱼剔去鱼骨，鱼肉切成薄片。

❷ 青椒、红椒洗净，去籽切片。

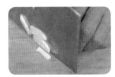

❸ 大蒜、生姜均去皮洗净切片；葱洗净，切段。

❹ 鱼片加盐、味精、水淀粉、食用油腌渍入味。

❺ 锅中注水煮沸，放入青椒、红椒焯烫片刻，捞出。

❻ 炒锅热油，倒入生鱼片滑油，捞出沥油。

做法演示

❶ 锅留底油，放入姜、蒜和辣椒酱炒香。

❷ 倒入青红椒、葱白炒匀。

❸ 倒入生鱼片。

❹ 加盐、味精、白糖和料酒炒入味。

❺ 盛入盘中即可。

食物相宜

清热利尿
健脾益气

生鱼

+

黄瓜

养生常识

★ 生鱼味道极其鲜美，做成汤汁饮用，对儿童的大脑发育很有帮助。老年人食用生鱼，对预防阿尔茨海默症有食疗作用。脑力劳动者食用生鱼，也有补脑的作用。

制作指导

◎ 生鱼容易成为寄生虫的寄生体，所以最好不要随便食用被污染水域的生鱼，以免寄生虫寄生体内，对人体的健康造成危害。

草菇虾仁

🕐 5分钟	✂ 补肾、壮阳
⚖ 鲜	☺ 男性

　　当憨厚的草菇遇到清秀的虾仁，一个是丛林之珍，一个是海洋之鲜，两种至鲜至美的食材放在一起会擦出怎样的火花呢？草菇口感细嫩，虾仁鲜嫩脆爽，精致的菜品让人不忍取食，而当你将它们放入口中时，香溢满口的原汁鲜味将为你开启一场奇妙的味觉之旅。

材料

草菇	250 克
虾仁	120 克
青椒片	30 克
红椒片	30 克
姜片	5 克
蒜末	5 克
葱白	5 克

调料

盐	2 克
鸡精	2 克
味精	1 克
老抽	2 毫升
料酒	5 毫升
白糖	2 克
水淀粉	适量
食用油	适量

食材处理

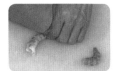

❶ 将虾仁的背部切开，挑去虾线后洗净。

❷ 将草菇洗净，对半切开。

❸ 虾仁放入碗中，加入盐、味精、料酒拌匀。

❹ 加少许水淀粉，抓匀后腌渍约 10 分钟至入味。

❺ 锅中注水烧热，加入盐、鸡精、老抽，淋入少许料酒，煮沸。

❻ 倒入切好的草菇，焯煮约 2 分钟至入味。

❼ 盛出焯好的草菇，备用。

❽ 另起锅注水烧热，倒入虾仁。

❾ 汆熟后捞出备用。

做法演示

❶ 热锅注油，倒入虾仁，中火炸约 1 分钟至熟。

❷ 捞出虾仁。

❸ 锅留底油，倒入蒜末、姜片、葱白。

❹ 倒入青红椒片爆香。

❺ 倒入草菇、虾仁，淋入料酒略炒。

❻ 加入盐、鸡精、白糖翻炒入味。

❼ 加入少许水淀粉勾芡。

❽ 淋入少许熟油拌炒均匀。

❾ 盛入盘内即成。

食物相宜

降压降脂

草菇

+

豆腐

补肾壮阳

草菇

+

虾仁

补脾益气

草菇

+

猪肉

黄豆酱炒蛏子

　　每年的三四月份，大批的赶潮人就会在沿海滩涂上追逐落潮、挖掘蛏子。这是一种地道的鲜美食材，狭长的硬壳里面肉质肥嫩、色白味鲜，清洗干净后用黄豆酱简单烹炒、调味，即酱香浓郁，口感脆嫩软滑，鲜美多汁，是吃货们尝鲜、佐酒的极品。

材料			调料	
蛏子	300 克		盐	3 克
青椒片	20 克		味精	1 克
红椒片	20 克		白糖	3 克
姜片	5 克		水淀粉	10 毫升
蒜末	5 克		老抽	3 毫升
葱白	5 克		蚝油	3 毫升
			料酒	3 毫升
			黄豆酱	适量
			食用油	适量
			熟油	适量

食材处理

 ❶ 锅中加清水烧开，倒入蛏子，煮至壳开。

 ❷ 将煮好的蛏子捞出，装入盆中备用。

 ❸ 加入清水，清洗干净；取出洗好的蛏子，装入碗中。

做法演示

 ❶ 用油起锅，倒入姜片、蒜末、葱白、青椒、红椒炒香。

 ❷ 倒入蛏子，加料酒炒香。

 ❸ 加入蚝油、黄豆酱翻炒均匀。

 ❹ 加少许清水，加盐、味精、白糖翻炒入味。

 ❺ 加少许老抽，炒匀上色。

 ❻ 加入少许水淀粉勾芡。

 ❼ 最后加入少许熟油炒匀。

 ❽ 盛出装盘即可。

食物相宜

治疗中暑、血痢

蛏子

＋

西瓜

治疗产后虚损、少乳

蛏子

＋

黄酒

制作指导

✿ 蛏子用淡盐水反复搓洗几遍，可将壳上的脏东西洗净。

✿ 黄豆酱不宜放太多，以免掩盖蛏子的鲜味。

养生常识

★ 适宜产后虚损、烦热口渴、湿热水肿、痢疾、醉酒等人群食用。

★ 脾胃虚寒、腹泻者应少食。

素食课堂

素食文化是一种独特的饮食文化。素食主义者基于健康、信仰、道德、瘦身等方面的考虑，不食用取自动物身上各部分以及与动物有一定关联的各类食物。

老子主张"见素抱朴，少私寡欲""虚其心、实其腹，弱其志，强其骨"，通过柔弱无为和虚静自守来排斥欲望以及外界事物的诱惑，以达到返璞归真的境界。庄子也认为，人与自然合一是养生的最高境界，应破除一切人为和刻意的追求。道家倡导人们要学会与自然和谐相处，不随意地破坏自然环境与生态。后来，道家的这种思想为素食的丰富与发展起到了一定的推进与推广作用。

近些年来，越来越多的人开始接触、认知、熟悉和实践素食生活，素食不但可以让人体获得天然、充足的各类营养物质，更能满足人们重视健康、保护生态、关爱生命、亲近自然的精神愉悦与超脱。

● "味众珍由胃充，胃充则大闷，大闷则气不达"，《吕氏春秋》中主张人们多食素食，改变对荤腥食物的依赖，只有"不味众珍"的饮食生活与恬淡乐观的心态才有利于人体的健康养生。

素食的起源

相传在夏商时期，两大暴君夏桀、商纣皆因暴戾、纵欲、昏庸而被他人所灭，之后王侯贵族们养成了于农历初一、十五这两天食素的习惯，来时刻警醒自己清心寡欲，以求祛灾避凶，后来这一风俗渐渐流入民间。

素食文化流派

在我国，传统的素食文化通常可分为寺观素食、宫廷素食、民间素食三大流派。

其中，寺观素食主要是以"香积厨"（寺观供给僧人与访客的斋饭）为基础。寺观修行者与敬佛朝香的信徒为以明心志、修身养性，在饮食上讲究"全素"，简单洁净，对"五荤"食材与调味有着严格的规定与限制。

宫廷素食作为专门提供给帝王贵族的素食饮食，相对于"苦行僧式"的寺观素食来说，就显得格外丰富、净雅许多了。宫廷中的御膳大厨常根据帝王的喜好，辅以时鲜，讲究"以素托荤""素料荤做"，不但选料精良、花式繁多，而且烹饪精湛、形美意达。

而民间素食则主要依附于百姓餐饮与居家食斋的饮食诉求，其素食限制与内容既没有寺观素食那么严格，也没有宫廷素食那么精美，取材广泛，样式较多，经济实惠。

"五荤"解读

"五荤"调味通常分为大五荤和小五荤，大五荤就是指鸡鸭鱼肉蛋等荤食；小五荤的内容则更为宽泛，不单要戒除大五荤中的荤食内容，还要严格戒除花椒、大料、葱、蒜、韭菜等具有一定刺激性的食物。

素食美味之豆腐

从食疗养生的角度来看，豆类食品是一种有着全面营养的高蛋白、低脂肪类健康食品，正所谓"五谷宜为养，失豆则不良"。豆腐是黄豆制品，人们通过把黄豆加水发胀、磨浆去渣，煮熟后加入盐卤或石膏，使豆浆中的蛋白质凝固，就做成了豆腐。

豆腐营养丰富、物美价廉，与白菜一样都属于"寒品"，食之常被隐喻清寒的生活。

豆腐光滑白嫩、纯朴自然，也常用来形容面容姣好、家境清苦的民间女子。

豆腐味甘性凉，入脾、胃、大肠经，具有补中益气、生津润燥、清热解毒的作用。

作为我国的一种传统家常食品，有着"国菜"之称的豆腐菜肴不仅在中国大受欢迎，更深受世界不同肤色人们的喜爱。其烹制方法众多，味道鲜美且经济实惠，更易于为人们所接受，加之华夏文明与中餐在世界上的影响力不断加大，豆腐文化得以名满中外也就不足为怪了。

选料与刀工

蔬菜选购

　　挑选蔬菜首先要看它的颜色，各种蔬菜都具有本品种固有的颜色、光泽，显示蔬菜的成熟度及鲜嫩程度。新鲜蔬菜不是颜色越鲜艳越好，如购买干豆角时，发现它的绿色比其他的蔬菜还要鲜艳时要慎选。其次要看形态是否有异常，多数蔬菜具有新鲜的状态，如有蔫萎、干枯、损伤、变色、病变、虫害侵蚀，则为异常状态，还有的蔬菜由于人工使用了激素类物质，会长成畸形。最后要闻一下蔬菜的味道，多数蔬菜具有清香、甘辛香、甜酸香等气味，不应有腐败味和其他异味。

✿ 白菜

　　叶子有光泽，且颇具重量感的白菜才新鲜。切开的白菜，切口白嫩表示新鲜度良好。切开时间久的白菜，切口会呈茶色，要特别注意。

✿ 生菜

　　购买生菜时，应挑选叶片肥厚、叶质鲜嫩、无蔫叶、无干叶、无虫害、无病斑、大小适中的为好。

✿ 香菜

　　选购时，应挑选苗壮、叶肥、新鲜、长短适中、香气浓郁、无黄叶、无虫害的。

✿ 菠菜

　　挑选菠菜时，以菜叶无黄色斑点，根部呈浅红色的为上品。

✿ 菜花

选购菜花时，应挑选花球雪白、坚实、花柱细、肉厚而脆嫩、无虫伤、无机械伤、没有腐烂的。此外，可挑选花球附有两层不黄不烂青叶的菜花。花球松散，颜色变黄甚至发黑，湿润或枯萎的菜花质量低劣，食味不佳，营养价值低。

✿ 莲藕

莲藕鲜嫩无比，一般能长到1.6米左右，通常有4～6节。最底端的莲藕质地粗老，顶端的一节带有顶芽，太嫩，所以最好吃的是中间部分。选购时，应选择那些藕节粗短肥大、无伤无烂、表面鲜嫩、藕身圆而笔直、用手轻敲声音厚实、皮颜色为茶色的藕。

✿ 芦笋

芦笋以其柔嫩的幼茎作蔬菜。在出土前采收的幼茎，色白幼嫩，称为白芦笋；出土见光后采收的幼茎呈绿色，称为绿芦笋。选购时，白芦笋以全株洁白、形状正直、笋尖鳞片紧密、未长腋芽、外观无损伤者最佳；绿芦笋则不妨留意笋尖，鳞片紧密未展开才是新鲜货色，而且笋茎粗大、质地脆嫩者，吃起来口感最好。

✿ 山药

挑选山药的时候，首先要关注的是山药的表皮。表皮光洁，没有异常斑点的，才是好山药。有异常斑点的山药建议不要购买，因为受病害感染的山药的食用价值已大大降低。其次是辨外形。太细或太粗、太长或太短的都不够好，要选择那些直径在3厘米左右，长度适中，没有弯曲的山药。最后是看断层。断层雪白，带黏液而且黏液多的山药为佳品。

✿ 白萝卜

选购白萝卜时，应以个体大小均匀、根形圆整，皮细嫩光滑，比重大，用手指轻弹，声音沉重、结实的为佳，如声音混浊则多为糠心萝卜。

✪ 竹笋

选购竹笋首先要看色泽，具有光泽的为上品。竹笋买回来如果不马上吃，可在切面上涂抹一些盐，放入冰箱冷藏室，这样就可以延长其鲜嫩口感的持续时间。

✪ 西红柿

果蒂硬挺，且四周呈绿色的西红柿才是新鲜的。有些商店将西红柿装在不透明的容器中出售，如不能查看果蒂或色泽的情况，则最好不要选购。

✪ 苦瓜

购买苦瓜时，以果肉晶莹肥厚、瓜体嫩绿、皱纹深、掐上去有水分、末端有黄色者为佳。过分成熟的苦瓜稍煮即烂，失去了其原有的风味，故不宜选购。

✪ 黄瓜

刚采收的小黄瓜表面上有小疙瘩状突起，一摸有刺，十分新鲜。选购黄瓜时以颜色翠绿有光泽，前端的茎部切口呈嫩绿者为佳。

✪ 丝瓜

丝瓜的种类较多，常见的有线丝瓜和胖丝瓜两种。线丝瓜细而长，购买时应挑选瓜形挺直、大小适中、表面无皱、水嫩饱满、皮色翠绿、不蔫不伤者。胖丝瓜相对较短，两端大致粗细一致，购买时以皮色新鲜、大小适中、表面有细皱，并附有一层白色绒状物、无外伤者为佳。

✪ 南瓜

要挑选外形完整，并且最好是瓜梗蒂连着瓜身的新鲜南瓜。也可用手掐一下南瓜皮，如果表皮坚硬不留痕迹，说明南瓜老熟，这样的南瓜较甜。同等大小的情况下，分量较重的南瓜更好。

✿ 茄子

深黑紫色，具有光泽，且蒂头带有硬刺的茄子最新鲜，带褐色或有伤口的茄子不宜选购。若茄子的蒂头盖住了果实，则表示尚未成熟。

✿ 玉米

玉米清香、糯甜，是人们爱吃的粗粮作物。选购玉米时，应挑选苞大、籽粒饱满、排列紧密、软硬适中、老嫩适宜、质糯无虫者。

✿ 土豆

土豆以表皮光滑、个体大小一致、没有发芽者为佳，尤其要注意，长芽的土豆含有毒物质龙葵素。

✿ 红薯

红薯以纺锤形状的、表面看起来光滑、闻起来没有霉味者为佳。

✿ 豆类菜

挑选豆类蔬菜时，若是含豆荚的，如荷兰豆、菜豆等，要选豆荚颜色翠绿、未枯黄，且有脆度的最好；而单买豆仁类时，则要选择形状完整、大小均匀且没有暗沉光泽的。

保鲜诀窍

豆荚类因为容易干枯，所以要尽可能密封好放在冰箱冷藏，而豆仁则放置在通风阴凉的地方保持干燥即可，亦可放入冰箱内冷藏，但同样需保持干燥。

处理诀窍

大部分的豆类蔬菜生食易中毒，因此食用前需彻底煮至熟透，在烹煮过程中不能未完全熟透就起锅，若吃起来仍有生豆的青涩味道，就千万别吃。而大部分连同豆荚一起食用的豆类，记得要先摘去蒂头及两侧茎丝，这样吃起来口感更好。

水果选购

挑选水果首先要看水果的外形、颜色。尽管经过催熟的果实呈现出成熟的性状，但是作假只能对一方面有影响，果实的皮或其他方面还是会有不成熟的感觉。比如自然成熟的西瓜，由于光照充足，所以瓜皮花色深亮、条纹清晰、瓜蒂老结；催熟的西瓜瓜皮颜色鲜嫩、条纹浅淡、瓜蒂发青。人们一般比较喜欢"秀色可餐"的水果，而实际上，其貌不扬的水果倒是更让人放心。其次，可通过闻水果的气味来辨别。自然成熟的水果，大多在表皮上能闻到一种果香味；催熟的水果不仅没有果香味，甚至还有异味。催熟的果子散发不出香味，催得过熟的果子往往能闻得出发酵气息，注水的西瓜能闻得出自来水的漂白粉味。再有，催熟的水果有个明显特征，就是分量重。同一品种大小相同的水果，催熟的、注水的水果同自然成熟的水果相比要重很多，很容易识别。

✿ 梨

1. 要看皮色，皮细薄，没有虫蛀、破皮、疤痕和变色的，质量比较好；2. 看外形，应选择形状饱满，大小适中，没有畸形和损伤的梨；3. 看肉质，肉质细嫩、脆，果核较小，口感比较好。

✿ 枣

好的大枣皮色紫红而有光泽，颗粒大而均匀，果实短壮圆整，皱纹少，痕迹浅。如果枣蒂有穿孔或粘有咖啡色或深褐色的粉末，就说明已被虫蛀。

✿ 柠檬

柠檬以色泽鲜亮滋润，果形正常，果蒂新鲜完整，果面清洁，无褐色斑块及其他疤痕，果皮较薄，果身无萎蔫现象，捏起来比较厚实，有浓郁的柠檬香者为佳。

✿ 猕猴桃

选购猕猴桃时，应先细致地摸摸果实，要选择较硬的。已经整体变软或局部变软的果实，不能久放，最好不要购买。此外，体形饱满、无疤痕、果肉呈浓绿色的猕猴桃比较好。

✪ 芒果

选购芒果时，一般以果形较大，果色鲜艳均匀，表皮无黑斑、无伤疤者为佳。首先闻味道，好的芒果味道浓郁；其次掂重量，较重的芒果水分多，口感好；最后，轻按果肉，不要选择太硬或者太软的，近蒂头处感觉硬实、富有弹性的成熟度刚刚好。另外，外表变色、腐烂的芒果千万不要食用。

✪ 椰子

选购椰子时，应挑选皮色呈黑褐色或黄褐色，外形饱满，呈圆形或长圆形的。还要双手捧起椰子，靠摇晃听其声音，如果水声清晰，则品质较好。若喜欢吃椰子肉，则应选择摇起来声音较沉的。而皮色灰黑，外形呈梭形、三角形，摇动果身时，汁液撞击声小的椰子则品质较差。

✪ 哈密瓜

选购哈密瓜时，首先要看颜色，应选择色泽鲜艳的，成熟的哈密瓜色泽比较鲜艳；其次闻瓜香，成熟的哈密瓜有瓜香，未熟的无香味或香味较小；最后，摸软硬，成熟的哈密瓜坚实而微软，太硬的没熟，太软的则过熟。

✪ 菠萝

选购菠萝时，应选择个大饱满，皮黄中带青，色泽鲜艳，硬度适中，香味足，汁多味甜的。成熟的菠萝皮色黄而鲜艳，果眼下陷较浅，果皮老结易剥，果实饱满味香，口感细嫩。若皮色青绿，手按有坚硬感，果实无香味，口感酸涩，则尚未成熟。

✪ 木瓜

选购木瓜时，应挑选果实呈椭圆形，颜色绿中带黄，果皮光滑洁净，果蒂新鲜，气味香甜，有重量感的。

✪ 樱桃

选购樱桃时，要选择果实新鲜、色泽亮丽、个大均匀的，千万不要买烂果或裂果，而且最好挑选颜色较为一致的。

肉类选购

✪ 新鲜猪肉

新鲜猪肉呈红色，颜色均匀，有光泽，脂肪洁白；外表微干或微湿润，不黏手；指压后凹陷立即恢复；具有鲜猪肉的正常气味。劣质猪肉肉色稍暗，脂肪缺乏光泽；外表干燥或粘手，新切面湿润；指压后的凹陷恢复慢或不能完全恢复，有氨味或酸味。

✪ 新鲜牛肉

新鲜牛肉呈均匀的红色且有光泽，脂肪为洁白或淡黄色，外表微干或有风干膜，用手触摸不粘手，富有弹性。

✪ 新鲜羊肉

新鲜羊肉呈鲜红色，纹理细腻，用手触摸坚实、有弹性，不粘手，闻起来有羊肉所特有的膻味，气味自然而无腐败、腥臭等异味。

✪ 新鲜鸡肉

新鲜鸡眼球饱满，肉皮有光泽，因品种不同可呈淡黄、淡红和灰白等颜色，具有新鲜鸡肉的正常气味，肉表面微干或微湿润，不粘手，指压后的凹陷能立即恢复。

✪ 新鲜鸭肉

好的鸭肉肌肉新鲜、脂肪有光泽。注过水的鸭在翅膀下一般有红针点或乌黑色，其皮层有打滑的现象，肉质也特别有弹性，用手轻轻拍一下，会发出"噗噗"的声音。可用手指在鸭腔内膜上轻轻抠几下，如果是注过水的鸭，就会从肉里流出水来。

水产选购

✪ 新鲜鱼肉

　　质量上乘的鲜鱼，眼睛光亮透明，眼球略凸，眼珠周围没有充血而发红；鱼鳞光亮、整洁、紧贴鱼身；鱼鳃紧闭，呈鲜红或紫红色，无异味；腹部发白，不膨胀，鱼体挺而不软，有弹性。若鱼眼混浊，眼球下陷或破裂，脱鳞鳃胀，肉体松软，污秽色暗，有异味，则是不新鲜的鱼。

✪ 咸鱼的识别

　　好的咸鱼，鱼身清洁干爽，肉质紧密，有弹性，切口色泽鲜明，没有黏液，肉与骨结合紧密，无异味。假如鱼身有黄色或黑色霉斑，肉质松弛，有臭味，则表示咸鱼已变质。

✪ 海鱼和淡水鱼的识别

　　主要从鱼鳞的颜色和鱼的味道加以区别，海鱼的鳞片呈灰白色，薄而光亮，食之味道鲜美；淡水鱼的鳞片较厚，呈黑灰色，食之有土腥味。

怎样识别鱼是否被污染

　　一看鱼形。污染较严重的鱼，其鱼形不整齐，比例不正常，脊椎、脊尾弯曲僵硬或头大而身瘦、尾小又长。这种鱼容易含有铬、铅等有毒有害的重金属。

　　二观全身。鱼鳞部分脱落，鱼皮发黄，尾部灰青，鱼肉呈绿色，有的鱼肚膨胀，这是铬污染或鱼塘中存有大量碳酸铵的化合物所致。

　　三辨鱼鳃。鱼表面看起来新鲜，但鱼鳃不光滑，形状较粗糙，且呈红色或灰色，这些鱼大都是被污染的鱼。

　　四看鱼眼。鱼看上去体形、鱼鳃虽然正常，但其眼睛浑浊失去光泽，眼球甚至明显向外突起，这也可能是被污染的鱼。

　　五闻气味。被不同毒物污染的鱼有不同的气味：煤油味是被酚类污染；大蒜味是被三硝甲苯污染；杏仁苦味是被硝基苯污染；氨水味、农药味是被铵盐类农药污染。

✪ 新鲜虾

我国海域宽广，江河湖泊众多，盛产海虾和淡水虾。海虾有对虾、基围虾、濑尿虾、龙虾等；淡水虾有青虾、小龙虾等。不管何种虾，都含有丰富的蛋白质，营养价值很高，其肉质和鱼一样松软，但又无腥味和骨刺，易于消化，是深受人们喜爱的水产食品。淡水虾以鲜活的为好，不鲜活的淡水虾也要选择体形完整，甲壳透明有光泽，须、足无损，体硬，头节与躯体紧连，虾肉与虾脑不散，脑中有黄红色浆液者。

如何挑选海虾

野生海虾和养殖海虾在同等大小、同样鲜度时，价格差异很大。一些不法商贩常以养殖海虾冒充野生海虾，其实两者在外观上有很大差别，仔细辨认就不会买错。养殖海虾的须很长，而野生海虾须短；养殖海虾头部"虾柁"长，齿锐，质地较软，而野生海虾头部"虾柁"短，齿钝，质地坚硬。养殖海虾的体色受养殖场地影响，体表呈青黑色，色素斑点清晰明显。

在挑选时，首先应注意虾壳是否硬挺、有光泽，虾头、壳身是否紧密附着于虾体且坚硬结实，有无剥落。新鲜的海虾无论从色泽、气味上都很正常；另外，还要注意虾肉肉质的坚密程度及弹性。劣质海虾的外壳无光泽，甲壳变黑，体色变红，甲壳与虾体分离；虾肉组织松软，有氨臭味；虾的胸部和腹部脱开，头部变红、变黑。

如何挑选淡水虾

新鲜的淡水虾色泽正常，体表有光泽，背面为黄色，体两侧和腹面为白色，一般雌虾为青白色，雄虾为蛋黄色。通常雌虾大于雄虾。新鲜虾虾体完整，头尾紧密相连，虾壳与虾肉紧贴。用手触摸时，感觉硬实而有弹性。虾体变黄并失去光泽，或虾身节间出现黑腰，头与体、壳与肉连接松懈、分离，弹性较差的为次品。虾体瘫软如泥、脱壳、体色黑紫、有异臭味的为变质虾。

✿ 新鲜螃蟹

螃蟹要买活的，千万不能食用死蟹。最优质的螃蟹蟹壳青绿、有光泽，连续吐泡有声音，翻扣在地上能很快翻转过来。蟹腿完整、坚实、肥壮，腿毛顺，爬得快，蟹螯灵活、劲大，腹部灰白，脐部完整饱满，用手捏有充实感，分量较重。

怎样区分雄蟹和雌蟹

尖脐的是雄蟹，雄蟹肉多，油多；而圆脐的则是雌蟹，雌蟹黄多，肉鲜嫩。

螃蟹的保存与清洗

清洗螃蟹。螃蟹的污物比较多，用一般方法不易彻底清除，因此清洗技巧很重要。先将螃蟹浸泡在淡盐水中，使其吐净污物。然后用手捏住其背壳，使其悬空接近盆边，双螯恰好能夹住盆边。用刷子刷净其全身，再捏住蟹壳，扳住双螯，将蟹脐翻开，由脐根部向脐尖处挤压脐盖中央的黑线，将粪便挤出，最后用清水冲净即可。

存养活蟹。将螃蟹放入一个开口比较大的容器里，放进沙子、清水、少量芝麻和打碎的熟鸡蛋，并把它放在阴凉的地方。这样，活蟹可以存养较长时间。同时，螃蟹吸收了鸡蛋中的营养，蟹肚壮实丰满，重量明显增加，吃起来肥美可口。

保存螃蟹。先用沸水将螃蟹煮一下，然后放凉，再放进冰箱，等到要烹调时再拿出来，螃蟹的肉质依旧会十分鲜美。

选购河蟹有窍门

河蟹要买活的，千万不能食用死蟹。优质的河蟹蟹壳青绿、有光泽，连续吐泡有声音，翻扣在地上能很快翻转过来。蟹腿完整、坚实、肥壮，腿毛顺，爬得快，蟹螯灵活劲大，腹部灰白，脐部完整饱满，用手捏有质感，分量较重。不新鲜的蟹腿肉松、瘦小，分量较轻，行动不灵活，背色呈暗红色，肉质自然松软，味道也不鲜美。

如何选购大闸蟹

从外观来看，大闸蟹应选螯夹力大，腿毛顺，腿完整饱满，壳呈青绿色，不断吐泡并发出声音的。以手按蟹腹，腿立即缩回，以手按蟹盖，眼睛亦立即收回者为佳。用手掂量一下，有分量，而且蟹脐略有隆起，这样的大闸蟹，必定是鲜活、多肉而肥美的，大闸蟹以每只重量的 0.25 千克者为最适宜，太大或太小都不好。

食用菌选购

✿ 蘑菇

新鲜的蘑菇外形较为完整，中等或者偏小的蘑菇更为鲜嫩，以手触摸时表面爽滑，稍有湿润感，闻起来气味纯正清香，无虫蛀、霉味和杂质。如购买香菇、口蘑以伞盖内卷的营养更丰富。

✿ 银耳

银耳又称白木耳，是珍贵的胶质食用菌和药用菌。优质银耳干燥，色泽洁白，肉厚而朵整，圆形伞盖，直径3厘米以上，无蒂头，无杂质。

如何保存鲜草菇

鲜草菇长时间放置在空气中容易被氧化，发生褐变。

将鲜草菇根部的杂物除净，放入1%的盐水中浸泡10～15分钟；捞出沥干水分，装入塑料袋中，可保鲜3～5天。

如何泡发香菇

香菇在冷水中泡发，既耽误时间，香菇中的沙子又不易脱落。

在冷水中加白糖，再烧至40℃左右；将干香菇泡入糖水中，这样泡开的香菇不但保留了原有香味，而且因为浸进了糖液，烧好后味道更加鲜美。

蛋类选购

购买蛋类时，请多留意以下事项，以免买到坏了的蛋：蛋壳破损者不宜购买；尽量选择有CAS优质蛋品标志的蛋；蛋的形状越圆者，里面的蛋黄越大；蛋壳越粗糙的蛋越新鲜。

蛋放入4%的盐水中会立即沉底的是好蛋；蛋的气室越大，品质越差。

蛋的储藏

蛋因为富含蛋白质，所以如果储放不当，很快就会变质、腐败。因此，蛋买回来之后最好依下列方式储放：一般新鲜的带壳蛋，夏天在冰箱储存可放7天左右，冬天则可放一个月左右。蛋壳很怕潮湿，所以不能闷放在不透气的塑胶盒中，以免受潮发霉。摆放蛋时，须将较圆的一头向上，较尖的一头向下。蛋去壳之后，最好马上煮食，就算放冰箱，也不宜超过4小时。

豆制品选购

☺ 豆腐

我国的豆腐有北豆腐和南豆腐之分。北豆腐又叫老豆腐，应选购表面光润、四角平整、薄厚一致、有弹性、无杂质、无异味的；南豆腐又叫嫩豆腐，应选购洁白细嫩、周体完整、不裂、无杂质、无异味的。不过要想选到优质的好豆腐，还应该综合运用以下辨别方法。一看：优质豆腐呈白色，略带微黄色，如果色泽过于白，有可能添加了漂白剂；次质豆腐色泽较深，无光泽；劣质豆腐呈深灰色、深黄色或者红褐色。二摸：优质豆腐块形完整，软硬适度，富有弹性，质地细嫩；劣质豆腐块形不完整，组织结构粗糙而松散，触之易碎，表面发黏。三闻：优质豆腐具有豆腐特有的香味；次质豆腐香气平淡；劣质豆腐有豆腥味、馊味等不良气味或其他外来气味。四尝：可在室温下取小块样品，细细咀嚼。优质豆腐口感细腻鲜嫩，味道纯正、清香；次质豆腐口感粗糙，滋味平淡；劣质豆腐有酸味、苦味、涩味及其他不良滋味。

● 北豆腐

北豆腐又称老豆腐，一般以盐卤（氯化镁）点制，其特点是硬度较大、韧性较强、含水量较低，口感很"粗"，味微甜略苦，但蛋白质含量最高，宜煎、炸、做馅等。

● 南豆腐

南豆腐又称嫩豆腐、软豆腐，一般以石膏（硫酸钙）点制，其特点是质地细嫩、富有弹性、含水量大、味甘而鲜，蛋白质含量在5%以上。烹调宜拌、炒、烩、汆、烧及做羹等。

☺ 豆浆

从色泽上看，优质豆浆呈乳白色或淡黄色，有光泽；稍次的为白色，微有光泽；劣质豆浆是灰白色的，无光泽。从组织形态上看，优质豆浆的浆液均匀一致，浆体质地细腻，无结块，稍有沉淀；次质豆浆有沉淀及杂质；劣质豆浆会出现分层、结块现象，并有大量沉淀。从气味上闻，优质豆浆具有豆浆特有的香气，无其他异味；稍次豆浆香气平淡，稍有焦煳味或豆腥味；而劣质豆浆有浓重的焦煳味、酸败味、豆腥味或其他不良气味。

☺ 豆腐干

豆腐干有方干、圆干、香干之分。质量好的豆腐干，表面较干燥，手感坚韧、质细，气味正常（有香味）。变质的豆腐干，表面发黏、发腐、出水，色泽浅红（发花），没有干香气味，有的甚至产生酸味，不能食用。掺假豆腐干表面粗糙，光泽差，如轻轻折叠，易裂，且折裂面呈现不规则的锯齿状，仔细查看可见粗糙物，这是因为掺了豆渣或玉米粉。

✿ 素鸡

质量好的素鸡色泽白，表面较干燥，气味正常，切口光亮，无裂缝、无破皮、无重碱味。如果色泽浅红，表面发黏发腐，渗出水珠，有腐败味，则说明已经变质。

✿ 油豆腐

好的油豆腐有鲜嫩感，充水油豆腐油少、粗糙；好的油豆腐捻后容易恢复原状，充水油豆腐一捻就烂。

✿ 腐竹

质量一般分为三个等级。一级呈浅麦黄色，有光泽，蜂孔均匀，外形整齐，质细且有油润感；二级呈灰黄色，光泽稍差，外形整齐而不碎；三级呈深黄色，光泽较差，外形不整齐，有断碎。用温水浸泡 10 分钟，好腐竹水色黄而清，腐竹有弹性，无硬结现象，且有豆类清香味。

牛奶选购

新鲜的牛奶外观呈乳白色，流体均匀无沉淀、无凝结、无杂质、无异物、无黏稠现象，有天然的奶膻味，口感细腻、爽滑。购买时选择正规品牌厂商出产的牛奶更有保障，检查时须确保包装完好，处于保质期以内。

牛奶的存放及注意事项

鲜牛奶应该立刻放置在阴凉的地方，最好是放在冰箱里。不要将牛奶置于阳光或照射灯光下，日光、灯光均会破坏牛奶中的数种维生素，同时也会有损其口味。牛奶放在冰箱里，瓶盖要盖好，以免其他气味串入牛奶里。牛奶倒进杯子、茶壶等容器里时，如果没有喝完，应盖好盖子放回冰箱，切不可倒回原来的瓶子。当牛奶冷冻成冰时，其品质会受损害。因此，牛奶不宜冷冻，放入冰箱冷藏即可。

菜刀使用教程

刀工对于烹饪来说至关重要，可以说刀工的好坏最终会影响到菜肴的质量，差劲的刀工不仅会影响菜肴的外观，原料的大小、粗细、薄厚不匀，也会使菜在烹调时受热不均、调味不匀，同时还会影响口感，从而让一盘菜成为失败的作品。

刀工操作需要熟练掌握它的动作技巧和节奏，下刀稳定、规范、安全。

基本动作：

❶ 站案。身体与菜墩保持适当距离，两脚自然分立，重心平稳，全身放松；上身稍前倾，略挺胸，两肩要平，目光注视斜下方的双手位置。

❷ 操刀。以自己习惯的右手或左手握刀，拇指和食指夹住刀箍处，其余三指和手掌握住刀柄，达到刀柄能握实，又不会影响手腕的灵活度，可以将刀操控自如的程度。

❸ 运刀。凝神静气，注意力集中，确保安全第一，左手固定食材，使其平稳、不移动，然后看准下刀位置，借助臂力和腕力，两手协调配合，切的动作要准确、连贯。

❹ 手法。切割动作规范，手法干净、利落，不拖泥带水，切好的材料规整，大小一致，薄厚均匀，切完后放置整齐，工具清洗干净。

基础切法：

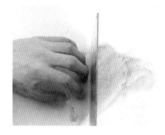

❶ 直切

　　左手按稳食材，右手握刀，刀口垂直向下，左手中指关节抵住刀身，右手借助腕力向下直切，同时左手平稳向后移动，准备切下一刀。这种切法比较适用于有脆性的食材。

❷ 推切

　　刀口垂直向下，右手握刀，将重心放于刀刃的后端，切割时借助腕力将刀刃向前推送。这种切法比较适用于松软的食材。

❸ 拉切

　　这种切法与推切正相反，刀口垂直向下，右手握刀，将重心放于刀刃的前端，切割时借腕力将刀刃向后拉收。这种切法比较适用于有韧性的食材。

❹ 锯切

　　这种切法是推切、拉切的结合体，刀口垂直向下，右手握刀，借腕力将刀刃向前推送，再向后拉收，推拉之间将食材慢慢磨切断。这种切法比较适用于将松软的食材切薄片或者比较厚的韧性食材。

❺ 铡切

　　右手握刀柄，左手握住刀背的前端，刀口垂直向下，双手平稳、均匀、迅速地用力压切。这种切法比较适用于带有软骨或体小形圆的食材。

❻ 滚切

　　左手按稳食材，留出一个倾斜角度，右手握刀，刀口向下斜度适中，每切一刀后将食材滚动一次。这种切法比较适用于将圆形或椭圆形的脆性蔬菜切成块或者片。

实用切法

　　牛羊肉的肉纤维组织较粗，所以要横着肌肉纹路切，这样切好的肉容易入味，也容易咀嚼。烹煮前也可以先用刀背拍打牛肉，破坏其纤维组织，这样可减轻韧度，口感更松软适口。

　　猪肉肉质较嫩，沿着肌肉纹路横切易碎，顺切易老，所以要顺着肌肉纹路稍稍斜一点儿切，口感最好。而对于肉质最为细嫩的鸡肉，则要顺着肌肉纹路切，以免切碎或熟化后成粒屑状。

基础刀工：

1 切块：

切块的规格大小视菜式而定，以易熟、适口为准，整体上大小均匀即可。如果要切圆形或椭圆形的脆性蔬菜，如土豆、茄子、西红柿等，可以使用滚切法切成滚刀块。

2 切片：

切片是一种最为常见的切割加工方法，也是

切丝、切丁的基础，一些长圆形的食材，如黄瓜、火腿，向下直切可以切成圆形的片，倾斜一点儿角度可以切成长圆形的片，而将长圆形的片整齐铺开，即可以切成较长的丝。

3 切丝：

先将食材切成片状，片的薄厚均匀程度决定了丝的粗细均匀程度。将食材片整齐铺开，由一端开始依次直切即成丝。

4 切段：

将长形的食材直接切成既定长度的段，或者将长形的食材先纵向切开，如黄瓜，切成条状后再横向截切成长度均匀的段。

5 切丁：

先将食材切成稍厚一点的片，片的薄厚程度决定了丁的大小，然后切成条形，再旋转90度横向直切成一个个均匀整齐的丁。

鸭肉片法

烤好的鸭子呈枣红色，鲜艳油亮，皮脆肉嫩，让人垂涎三尺。烤鸭加热后食用，要先用刀将鸭肉片下来，再蘸酱卷饼食用。片鸭肉时，需要锋利的小号叉刀一把，平案板一块。将加热好的整只烤鸭平放在板上，先割下鸭头，然后以左手轻握鸭脖的下弯部位，先一刀将前脯皮肉片下，改切成若干薄片。随后片右上脯和左上脯肉，片上四五刀。再将鸭骨三叉掀开，用刀尖顺脯中线骨靠右边剔一刀，使其骨肉分离，便可以右倾沿上半脯顺序往下片，经过片腿、剔腿直至尾部。片左半侧时亦用同样的方法。

• 片鸭时要注意，片出的肉不要太厚，一般一只鸭以片90片为标准。肉片大小要均匀，薄而不碎，尤其要做到每片肉都带着皮，才能保证吃的时候有脆嫩的感觉。

水产加工：

一般来说，水产食材主要讲究其鲜味，所以水产的初步加工是从选购、保鲜开始做起的。例如，鱼类的加工，可用一把厨房剪刀来处理，去鱼鳞、破肚、剔除内脏、剪掉鱼鳍都很方便。虾类的加工，虾头一般用手掰去，从虾腹部位剥去虾壳，再用小刀将虾背划开，用牙签剔除肠线，虾尾可保留，这样可美化菜相。小螃蟹冲净后可直接下锅，大一点的螃蟹可剁成块。

● 破肚

● 剔除内脏

● 切花刀

加工鱼时，一定要彻底抠除全部鳃片，避免成菜后鱼头有沙、难吃。鱼下巴到鱼肚连接处的鳞紧贴皮肉，鳞片碎小，不易被清除，却是导致成菜后有腥味的主要原因。尤其在加工淡水鱼和一部分海鱼时，须特别注意削除颌鳞。

鲢鱼、鲫鱼、鲤鱼等塘鱼的腹腔内有一层黑膜，既不美观，又是腥味的主要根源，清洗时一定要刮除干净。鱼的腹内、脊椎骨下方隐藏有一条血筋，加工时要用尖刀将其挑破，冲洗干净。鲤鱼等鱼的鱼身两侧各有一根细而长的酸筋，应在加工时剔除。方法为：宰杀去鳞后，从头到尾将鱼身抹平，就可看到在鱼身侧面有一条深色的线，酸筋就在这条线的下面。在鱼身最前面靠近鳃盖处割一刀，也可看到一条酸筋，一边用手捏住细筋往外轻拉，一边用刀背轻拍鱼身，直至将两面的酸筋全部抽出。

鱼胆不但有苦味，而且有毒。宰鱼时如果碰破了苦胆，高温蒸煮也不能消除其苦味和毒性。但是，用酒、小苏打或发酵粉却可以使胆汁溶解。因此，在沾了胆汁的鱼肉上涂些酒、小苏打或发酵粉，再用冷水冲洗，苦味便可消除。

厨艺与火候

对于食材来说，烹饪的方法可以有很多种，煎炒烹炸总有一种如你所愿，能将它做成一道色、香、味俱全的菜肴。这些烹饪技艺是厨房菜鸟进阶成厨房达人的必修之技，可以根据食材的特性，选择适合食材的烹饪方法，这样既可以让菜品营养更丰富，也可以让味道更鲜美。下面将教您各种烹饪方法的操作要领。

炒菜是中国菜区别于其他菜肴的基本特征，在英文中并无"炒"的单词，而是用"油炸"的单词"fried"代替。炒菜是中国菜的基础制作方法，将适量油加入特制的凹形锅内，以火传导到铁锅中的热度为载体，将佐料和一种或几种菜倒入锅内后用锅铲翻动将菜炒熟的烹饪过程。

炒菜的起源和金属炊具的普及有着密切关系，中国青铜器时代出土有青铜炊具，但是由于其价格昂贵而得不到普及，直到中国特有的铸铁的发明，使得农具在战国时代普及，而后逐渐向炊具扩展。在西汉的《盐铁论》中已有客店里贩卖韭菜鸡蛋的记载。随后南北朝时期的《齐民要术》中也详细记载了炒菜的制作过程。

炒是最广泛使用的一种烹调方法，是以油为主要导热体，将小型原料用中大火在较短时间内加热成熟、调味成菜的一种烹饪方法。

操作过程：

❶ 将原材料洗净，切好备用。

❷ 锅烧热，加底油，用葱、姜末炝锅。

❸ 放入加工成丝、片、块状的原材料，直接用大火翻炒至熟，调味装盘即可。

要点：

❶ 炒的时候，油量的多少一定要视原料的多少而定。

❷ 操作时，一定要先将锅烧热，再下油，一般将油锅烧至六或七成热为佳。

❸ 火力的大小和油温的高低要根据原料的材质而定。

炒

炒菜分为生炒、熟炒、滑炒、清炒、抓炒、软炒、焦炒、煸炒等。炒字前面所冠之字，就是各种炒法的基本概念。

生炒

生炒又称火边炒，基本特点是主料不论植物性的还是动物性的必须是生的，而且不挂糊和上浆。先将主料放入沸油锅中，炒至五六成熟，再放入配料，配料易熟的可迟放，不易熟的与主料一起放入，然后加入调味料，迅速颠翻几下，断生即好。这种炒法，汤汁很少，清爽脆嫩。如果原料的块形较大，可在烹制时兑入少量汤汁，翻炒几下，使原料炒透，即可出锅。放汤汁时，要在原料的本身水分炒干后再放，这样才能入味。

熟炒

熟炒一般先将大块的原料加工成半熟或全熟（煮、烧、蒸或炸熟等），然后改刀成片、块、丝、丁、条等形状，放入沸油锅内略炒，再依次加入辅料、调味品和少许汤汁，翻炒几下即成。熟炒的原料大都不挂糊，起锅时一般用湿淀粉勾成薄芡，也有用豆瓣酱、甜面酱等调料烹制而不再勾芡的。熟炒的特点是略带卤汁、酥脆入味。

滑炒

滑炒所用的主料是生的，而且必须先经过上浆和滑油处理，然后与配料同炒。

清炒

清炒与滑炒基本相同，不同之处是不用芡汁，而且通常只用主料而无配料，但也有放配料的。

抓炒

抓炒是一种将抓和炒相结合的炒法，先将主料挂糊并过油炸透、炸焦后，再与芡汁一同快炒而成。抓糊的方法有两种，一种是用鸡蛋液把淀粉调成粥状糊；一种是用清水把淀粉调成粥状糊。

软炒

软炒是将生的主料加工成泥茸，用汤或水澥成液状（有的主料本身就是液状），再用适量的热油拌炒，成菜松软、色白似雪。软炒菜肴非常嫩滑，但应注意在主料下锅后，必须使主料散开，以防止主料挂糊粘连成块。

焦炒

焦炒是将加工的小型原料腌渍过后，根据菜肴的不同要求，或直接炸或拍粉炸或挂糊炸，再经用清汁或芡汁调味而成菜的技法。先将主料出骨，经调味品拌脆，再用蛋清淀粉上浆，放入五六成热的温油锅中，边炒边使油温上升，炒到油约九成热时出锅；再炒配料，待配料快熟时，投入主料同炒几下，加些卤汁，勾薄芡起锅。

煸炒

煸炒又称干炒、干煸，就是炒干主料的水分，使主料干香酥脆。煸炒是将不挂糊的小型原料，经调味品拌腌后，放入八成热的油锅中迅速翻炒，炒到外面焦黄时，加配料及调味品同炒几下，待全部卤汁被主料吸收后，即可出锅。煸炒菜肴的一般特点是干香、酥脆、略带麻辣。

拌

拌是一种冷菜的烹饪方法，操作时把生的原料或晾凉的熟料切成小型的丝、条、片、丁、块等形状，再加上各种调味料，拌匀即可。

操作过程：

❶ 将原材料洗净，根据其属性切成丝、条、片、丁或块，放入盘中。

❷ 将原材料放入沸水中焯烫一下捞出，再放入凉开水中凉透，控净水，入盘。

❸ 将蒜、葱等洗净，并添加盐、醋、香油等调味料，浇在盘内菜上，拌匀即成。

卤

卤是一种冷菜烹饪方法，指经加工处理的大块或完整原料，放入调好的卤汁中加热煮熟，使卤汁的香鲜滋味渗透进原材料的烹饪方法。调好的卤汁可长期使用，而且越用越香。

操作过程：

❶ 将原材料洗净，入沸水中余烫以排污除味，捞出后控干水分。

❷ 将原材料放入卤水中，小火慢卤，使其充分入味，卤好后取出，晾凉。

❸ 将卤好晾凉的原材料放入容器中，加入蒜蓉、味精、酱油等调味料拌匀，装盘即可。

腌

腌是一种冷菜烹饪方法，是指将原材料放在调味卤汁中浸渍，或者用调味品涂抹、拌和原材料，使其部分水分排出，从而使味汁渗入其中。

操作过程：

❶ 将原材料洗净，控干水分，根据其属性切成丝、条、片、丁或块。

❷ 锅中加卤汁调味料煮开，凉后倒入容器中。将原料放容器中密封，腌 7 ~ 10 天即可。

❸ 食用时可依个人口味加入辣椒油、白糖、味精等调味料。

熘

　　熘是一种热菜烹饪方法，在烹调中应用较广。它是先把原料经油炸或蒸煮、滑油等预热加工将其制熟，然后再把制熟的原料放入调制好的卤汁中搅拌，或把卤汁浇在制熟的原料上。

操作过程：

❶ 将原材料洗净，切好备用。

❷ 将原材料经油炸或滑油等预热加工制熟。

❸ 将调制好的卤汁放入制熟的原材料中搅拌，装盘即可。

要点：

❶ 熘汁一般都是用淀粉、调味品和高汤勾兑而成，烹制时可以将原料先用调味品拌腌入味后，再用蛋清、团粉挂糊。

❷ 熘汁的多少与主要原材料的分量多少有关，而且最后收汁时最好用小火。

烧

　　烧是烹调中国菜肴的一种常用技法，先将主料进行一次或两次以上的预热处理之后，放入汤中调味，大火烧开后改小火烧至入味，再用大火收汁成菜的烹调方法。

操作过程：

❶ 将原料洗净，切好备用。

❷ 将原料放锅中加水烧开，加调味料，改用小火烧至入味。

❸ 用大火收汁，调味后，起锅装盘即可。

要点：

❶ 所选用的主料多数是经过油炸煎炒或蒸煮等熟处理的半成品。

❷ 所用的火力以中小火为主，加热时间的长短根据原料的老嫩和大小而不同。

❸ 汤汁一般为原料的 1/4 左右，烧制后期转大火勾芡或不勾芡。

蒸

　　蒸是一种重要的烹调方法，其原理是将原料放在容器中，以蒸汽加热，使调好味的原料成熟或酥烂入味。其特点是保留了菜肴的原形、原汁、原味。

操作过程：

❶ 将原材料洗净，切好备用。

❷ 将原材料用调味料调好味，摆于盘中。

❸ 将其放入蒸锅，用大火蒸熟后取出即可。

要点：

❶ 蒸菜对原料的形态和质地要求严格，原料必须新鲜、气味纯正。

❷ 蒸时多用大火，但精细材料要使用中火或小火。

❸ 蒸时要让蒸笼盖稍留缝隙，以避免蒸汽在锅内凝结成水珠流入菜肴中。

煮是将原材料放在多量的汤汁或清水中，先用大火煮沸，再用中火或小火慢慢煮熟。煮不同于炖，煮比炖的时间要短，一般适用于体小、质软类的原材料。

操作过程：

❶ 将原材料洗净，切好。

❷ 油烧热，放入原材料稍炒，注入适量的清水或汤汁，用大火煮沸，再用中火煮至熟。

❸ 放入调味料即可。

要点：

❶ 煮时不要过多地放入葱、姜、料酒等调味料，以免影响汤汁的原汁原味。

❷ 忌让汤汁大滚大沸，以免肉中的蛋白质分子运动激烈使汤浑浊。

炸是将油锅加热后，放入原料，以油为介质，将其制熟的一种烹饪方法。采用这种方法烹饪的原料，一般要间隔炸两次才能酥脆。炸制菜肴的特点是香、酥、脆、嫩。

操作过程：

❶ 将原材料洗净，切好备用。

❷ 将原材料腌渍入味或用水淀粉搅拌均匀。

❸ 锅下油烧热，放入原材料炸至焦黄，捞出控油，装盘即可。

要点：

❶ 用于炸的原料在炸前一般需用调味品浸渍，炸后往往随带辅助调味品上席。

❷ 炸的最主要的特点是要用大火，而且用油量要多。

❸ 有些原料需经拍粉或挂糊再放入油锅中炸熟。

炖是指将原材料加入汤水及调味品，先用大火烧沸，然后转成中小火，长时间烧煮的烹调方法。炖出来的汤的特点是滋味鲜浓、香气醇厚。

操作过程：

❶ 将原材料洗净，切好，入沸水锅中汆烫。

❷ 锅中加适量清水，放入原材料，大火烧开，再改用小火慢慢炖至酥烂。

❸ 加入调味料即可。

要点：

❶ 大多原材料在炖时不能先放咸味调味品，特别不能放盐，因为盐的渗透作用会严重影响原料的酥烂，延长加热时间。

❷ 炖时，要先用大火煮沸，撇去泡沫，再用微火炖至酥烂。

❸ 炖时要一次加足水，中途不宜加水。

煲

煲就是将原材料用小火煮，慢慢地熬。煲汤往往选择富含蛋白质的动物原料，一般需要煲 3 个小时左右。

操作过程：

❶ 先将原材料洗净，切好备用。

❷ 将原材料放锅中，加足冷水，用大火煮沸，改用小火持续煮 20 分钟，加姜和料酒等调料。

❸ 待水再沸后用中火保持沸腾 3 ~ 4 小时，煲至浓汤呈乳白色时即可。

要点：

❶ 中途不要添加冷水，因为正加热的肉类遇冷收缩，蛋白质不易溶解，汤便失去了应有的鲜香味。

❷ 不要太早放盐，因为早放盐会使肉中的蛋白质凝固，从而使汤色发暗，浓度不够，外观不美。

烩

烩是指将原材料油炸或煮熟后改刀，放入锅内加辅料、调料、高汤烩制的烹饪方法，这种方法多用于烹制鱼虾、肉丝、肉片等。

操作过程：

❶ 将所有原材料洗净，切块或切丝。

❷ 炒锅加油烧热，将原材料略炒，或汆水之后加适量清水，再加调味料，用大火煮片刻。

❸ 加入芡汁勾芡，搅拌均匀即可。

要点：

❶ 烩菜对原料的要求比较高，多以质地细嫩柔软的动物性原料为主，以脆鲜嫩爽的植物性原料为辅。

❷ 烩菜原料均不宜在汤内久煮，多经焯水或过油，有的原料还需上浆后再进行初步制熟处理。一般以汤沸即勾芡为宜，以保证成菜的鲜嫩。

焖

焖是从烧演变而来的，是将加工处理后的原料放入锅中加适量的汤水和调料，盖紧锅盖烧开后改用小火进行较长时间的加热，待原料酥软入味后，留少量味汁成菜的烹饪方法。

操作过程：

❶ 将原材料洗净，切好备用。

❷ 将原材料与调味料一起炒出香味后，倒入汤汁。

❸ 盖紧锅盖，改中小火焖至熟软后改大火收汁，装盘即可。

要点：

❶ 要先将洗好、切好的原料放入沸水中焯熟或入油锅中炸熟。

❷ 焖时要加入调味料和足量的汤水，以没过原料为好，而且一定要盖紧锅盖。

火候的掌握

大火：也称为大火，火焰高而稳定，可以快速地提升锅温，烹饪的时间较短，适用于生炒、爆炒和滑炒，较利于保持食材的鲜嫩口感。大火煲汤是以汤中央"起菊心——像一朵盛开的大菊花"为度，每小时消耗水量约20%。煲老火汤，主要是以大火煲开、小火煲透的方式来烹调。

中火：也称为慢火，火力强度介于大火和小火之间，适用于熟炒、烹炸，较利于烹饪汤汁较多的菜，使其能更充分地入味。

小火：也称为小火，火力强度较低，适用于炖煮、烧等，可以通过小火慢炖使不易熟的食材缓慢加热至烂熟，也可以通过不停翻炒使食材受热更均匀，熟化更充分。小火煲汤是以汤中央呈"菊花心——像一朵半开的菊花心"为准，耗水量约每小时10%。

肉类原料经不同的传热方式受热以后，由表面向内部传递，称为原料自身传热。一般肉类原料的传热能力都很差，大都是热的不良导体。但由于原料性能不一，传热情况也不同。据实验：一条大黄鱼放入油锅内炸，当油温达到180℃，鱼的表面温度达到100℃左右时，鱼的内部温度也只有60～70℃。因此，在烧煮大块鱼、肉时，应先用大火烧开，小火慢煮，这样原料才能熟透入味，并达到杀菌消毒的目的。

此外，原料中还含有多种酶，酶的催化能力很强，它的最佳活动温度为30～65℃，温度过高或过低其催化作用就会变得非常缓慢甚至完全丧失。因此，要用小火慢煮，以利于酶在其中进行分化活动，使原料变得软烂。

利用小火慢煮肉类原料时，肉内可溶于水的肌溶蛋白、肌肽、肌酸、肌酐、嘌呤氨基酸等会被溶解出来。这些含氮物浸出得越多，汤的味道就越浓，也就越鲜美。

另外，小火慢煮还能保持原料的纤维组织不受损，使菜肴形体完整。同时，还能使汤色澄清，醇正鲜美。如果采取大火猛煮的方法，肉类表面蛋白质会急剧凝固、变性，并不溶于水，含氮物质溶解过少，鲜香味就会降低，肉中脂肪也会溶化成油，使皮、肉散开，挥发性香味物质及养分也会随着高温而蒸发掉。还会造成汤水耗得快、原料外烂内生、需中间补水等问题，从而导致延长烹制时间，降低菜品质量。

至于煲汤时间，有个口诀就是"煲三炖四"。因为煲与炖是两种不同的烹饪方式，煲是直接将锅放于炉上焖煮，约煮3小时以上；炖是以隔水蒸熟为原则，时间约为4小时以上。煲会使汤汁愈煮愈少，食材也较易于酥软散烂；炖汤则是原汁不动，汤头较清不混浊，食材也会保持原状，软而不烂。

饮食精要

猪肉的炖煮技巧

猪肉具有营养丰富和美味的特点，是烹饪的好原料。做家常炖猪肉时，肉块要切得大些，以减少肉内鲜味物质的外溢；不要用大火猛煮，否则肉块不易煮烂，也会使香味减少；在炖煮中，少加水，可使汤汁滋味醇厚。

牛肉的烹饪技巧

❶ 将牛肉浸泡在醋或酒中，用保鲜膜包好冷藏，可以让牛肉变软。

❷ 在牛肉上覆盖菠萝片或猕猴桃片，用保鲜膜包住1小时，牛肉就会变软。

❸ 不同部位的牛肉选择不同的烹饪方式。肉质较嫩的牛肉，烧、烤、煎、炒较为合适，如小牛排等；肉质较坚韧的牛肉，则适宜炖、蒸、煮，如牛腩、牛腱、条肉等。

❹ 大火或过高的温度会把牛肉的外表煮得太熟或烧焦，而中间还没有熟。较嫩的牛肉应用中火烹煮，肉质坚韧的牛肉则适合小火炖煮。

❺ 在翻动牛肉时最好用夹子或筷子，以免刺透肉块让肉汁流失。煎汉堡肉时宜用煎匙翻动，不可压它而让肉汁流失，变成干且无汁的汉堡肉。

❻ 牛肉快煮好时关掉火放置15分钟，这时温度还会继续上升，可让牛肉煮到刚好的熟度。碎牛肉最好煮到中熟或变色即可，炖、蒸牛肉时煮至叉子能叉下去即可。

❼ 在煎牛排或烤牛肉时留下一层薄薄的脂肪，可防止肉汁的流失。

❽ 煎牛肉前先用纸巾拍干牛肉，这样牛肉会更好煎。

❾ 绞牛肉要以较轻的手法处理，搅拌太久或压太紧会使煮好的汉堡肉、肉丸变硬。

❿ 在煮好的牛肉上撒一些盐，这样会吸收牛肉的水分，使牛肉不需继续熬煮，这样就不会煮得过老了。

⓫ 焖烧牛肉时，放几颗红枣，肉会熟烂得特别快。

⓬ 用木槌或刀背拍打牛肉，烧牛肉时往水里加入2～3汤匙食醋，就会熟得快。

⓭ 选择厚度适中的锅烹饪牛肉，不但可以使热度均匀地散发，而且能使牛肉不烧焦。

鸡肉的炖煮技巧

在宰杀老鸡前，先给其灌一汤匙醋然后再杀，用慢火炖煮，可烂得快些。在煮鸡的汤里，放入一小把黄豆、几粒凤仙花籽或三四个山楂，也可使鸡肉更快烂熟。或者取猪胰一块，切碎后与老鸡同煮，这样也容易煮得熟烂，而且汤鲜入味。

鸭肉的烹饪技巧

如何使酱鸭颜色均匀：自制酱鸭往往会上色不均匀，做好后鸭皮红一块白一块，这是因为鸭的表皮富含油脂，颜色不易黏附。要解决这个问题有两种方法：一是先将鸭放入油锅炸一下，或是放在锅里煎一下，这样既可以熬出一些油脂，除去肥腻感，又由于鸭皮遇到高温后不再光滑，就能轻易染上酱油颜色了；二是把鸭洗净后吊起风干，然后在鸭皮上涂上一层调稀的麦芽糖晾干，在酱制前，先以滚油在鸭身上浇淋一遍，使之颜色变成棕红，定色后再加料制作。

板鸭的制作方法：很多人都不会制作板鸭，板鸭要怎样做才好吃呢？应该先用清水将鸭浸泡 15 个小时，捞出后往鸭肚里塞入酒、葱、茴香、生姜等，用空心麦秆管插入鸭的肛门，外露一截。将鸭放入砂锅用大火烧透，再将鸭放入水温 90℃ 左右的砂锅内，用小火焖煮半小时即可。

如何使老鸭肉变嫩：在煮老鸭的时候，如果用猛火煮，煮出来依然肉硬，味道不好。可先将老鸭用凉水和少许醋浸泡 1 小时以上，再用微火慢炖，这样炖出来的鸭肉就会变得香嫩可口了。此外，锅里加入一些黄豆同煮，不仅会让鸭肉变嫩，而且能使其熟得很快，营养价值也更高。如果放入几块生木瓜，木瓜中的木瓜酶可分解鸭肉蛋白，也能使鸭肉变嫩，并能缩短炖煮的时间。

海鲜的最佳做法

高温加热

细菌大都很怕加热，所以烹制海鲜，一般用急火熘炒几分钟即可，螃蟹、贝类等有硬壳的，则必须加热彻底，一般需煮、蒸 15 分钟左右才可食用（加热温度至少 100℃）。

酥制

将海鱼做成酥鱼后，鱼骨、鱼刺就变得酥软可口，连骨带肉一起吃，不仅味道鲜美，还可提供多种人体必需的氨基酸、维生素 A、B 族维生素、维生素 D 及矿物质等，特别是鱼骨中的钙是其他食品所不能及的。

烹调海鲜的秘诀

基础处理：烹调重点在于去腥及保鲜。如剁开的蟹块须沾上淀粉后过一道油，这是锁住鲜味的技巧，切不可偷懒省去。鱼虾、贝类等海鲜，加热时间皆不宜太久，目的在于确保鲜味不流失。如果用微波炉烘烤或蒸食，就要控制好加热时间，否则容易造成原汁流失，影响成菜滋味和口感。

炒虾仁的技巧

在清洗虾仁时放进一些小苏打，使原本已嫩滑的虾仁再吸收一部分水，再通过上浆有效保持所吸收的水分不流失，就能使虾仁变得更滑嫩又富有弹性。

如何蒸煮螃蟹

蒸煮螃蟹时，一定要凉水下锅，这样蟹腿才不易脱落。由于螃蟹是在淤泥中生长的，体内往往会带有一些毒素，为防止这些致病微生物侵入人体，在食用螃蟹时一定要蒸熟煮透。一般来说，根据螃蟹大小，在水烧开后再蒸煮8~10分钟为宜，这样肉会熟透却不会过烂。

蒸螃蟹时应将其捆住，防止其受热后互相剪伤。生螃蟹去壳时，可先用开水烫3分钟，这样蟹肉会很容易取下，而且不会浪费。另外，煮螃蟹时，宜加入一些鲜生姜等，以解蟹毒，减其寒性。

螃蟹汤如何去腥

煮螃蟹的时候，在汤里放上一点生姜或者大酱，就可以去除腥味。

鱼类的烹饪技巧

怎样煎鱼不粘锅

煎鱼前将锅洗净，擦干后烧热，然后放油，将锅稍加转动，使锅内四周都有油。待油烧热，将鱼放入，煎至鱼皮呈金黄色时再翻动，这样鱼就不会粘锅。如果油不热就放鱼，就容易使鱼皮粘在锅上。

将鱼洗净后（大鱼可切成块），沾上一层薄薄的面糊，待锅里油热后，将鱼放进去煎至呈金黄色，再翻煎另一面。这样煎出的鱼完整且不粘锅。

怎样煮鱼不会碎

烹制鲜鱼，要先将鲜鱼洗干净，然后用盐均匀地抹遍全身，大鱼腹内也要抹匀，腌渍半小时后再进行炖煮，鱼就不易碎。切鱼块时，应顺鱼刺下刀，这样鱼块才不易碎。

怎样蒸鱼更美味

蒸鱼时，先将锅内水烧开，然后将鱼放在盆子里隔水蒸，切忌用冷水蒸，这是因为鱼在突遇高温时外部组织凝固，会锁住内部鲜汁。条件允许的话，蒸前最好在鱼身上放一些鸡油或猪油，可使鱼肉更加嫩滑。

如何鉴别鱼的生熟

用于蒸制的鱼类，每条的重量最好选在500克左右，蒸制时间一般为10分钟。鱼蒸好后，可用牙签试着刺鱼身，以鉴别其生熟。具体方法是：将牙签刺入鱼身肉厚处，如背脊，若牙签能够轻轻刺入，则证明鱼肉已熟，若刺起来有韧涩感，则表明蒸制时间还不够。

鱼类如何保鲜

先去掉内脏、鱼鳞，洗净沥干水分后，分成小段，用保鲜袋或塑料食品盒包装好，以防腥味扩散，然后再视需要保存的时间，分别置入冰箱的冷藏室或冷冻室；冻鱼经包装后可直接贮入冷冻室。放入冰箱贮藏的鱼，质量一定要好。已经冷冻过的鱼，解冻后就不宜再次放入冷冻室长期贮存。熟的鱼类食品必须用保鲜袋或塑料食品盒密封后放入冰箱内，咸鱼可置于冷藏室内，不必冷冻。

熬汤秘诀

注意主料和调味料的搭配

常用的花椒、生姜、胡椒、葱等调味料，这些都能起去腥增香的作用，一般都是少不了的，针对不同的主料，需要加入不同的调味料。比如烧羊肉汤，由于羊肉膻味重，调料如果不足的话，做出来的汤就是涩的，这就得多加姜片和花椒了。但调料多了也有一个不好的地方，就是容易产生太多的浮沫，需要在做汤的后期耐心地将浮沫打掉。

选择优质合适的配料

一般来说，可根据所处的季节的不同，加入时令蔬菜作为配料，比如炖酥肉汤的话，春夏季就加入菜头做配料，秋冬季就加白萝卜。对于那些比较特殊的主料，需要加特别的配料，比如，牛羊肉烧汤吃了很容易上火，就需要加去火的配料，这时，白萝卜就是比较好的选择了，二者合炖，就没那么容易上火了。

原料应冷水下锅

制作老火靓汤的原料一般都是整只整块的动物性原料，如果投入沸水中，原料表层细胞骤然受到高温易凝固，会影响原料内部蛋白质等物质的溢出，成汤的鲜味便会不足。煲老火靓汤讲究"一气呵成"，不应中途加水，因为加水会使汤水温度突然下降，肉内蛋白质突然凝固，再不能充分溶解于汤中，也有损于汤的美味。

注意加水的比例

原料与水按1∶1.5的比例组合，煲出来的汤色泽、香气、味道最佳，对汤的营养成分进行测定，汤中氨态氮（该成分可代表氨基酸）的含量也最高。

要将汤面的浮沫打净

打净浮沫是提高汤汁质量的关键。如煲猪蹄汤、排骨汤时，汤面常有很多浮沫出现，这些浮沫主要来自原料中的血红蛋白。水温达到80℃时，动物性原料内部的血红蛋白才不断向外溢出，此刻汤的温度可能已达 90～100℃，这时打浮沫最为适宜。可以先将汤上的浮沫舀去，再加入少许白酒，不但可分解泡沫，又能改善汤的色、香、味。

掌握好调味料的投放时间

制作老火靓汤时常用葱、姜、料酒、盐等调味料，主要起去腥、解腻、增鲜的作用。要先放葱、姜、料酒，最后放盐。如果过早放盐，就会使原料表面蛋白质凝固，影响鲜味物质的溢出，同时还会破坏溢出蛋白质分子表面的水化层，使蛋白质沉淀，汤色晦暗。